KB125269

| 아이가 성장하는 **마법의 말** |

긍정육아

Children Learn
What They Live

| 아이가 성장하는 **마법의 말** |

긍정 육아

도로시 로 놀테 · 레이첼 해리스 지음 | **김선아** 옮김

ᄔ 중앙생활사

이 세상 모든 어린이에게 사랑과 희망을 담아 이 책을 바칩니다.

도로시 로 놀테 *Dorothy Law Nolte*

사랑과 자녀 양육에 대해 일깨워준 내 딸, 애슐리에게

레이첼 해리스 *Rachel Harris*

내 아이의 '진정한 성장'은 가정에서 시작된다

'아이들은 생활 속에서 배운다'라는 시를 처음 알게 된 것은, 수업 시간에 교재로 사용하기 위해 '아이들의 자긍심을 키워 주는 방법'에 관한 책을 쓰고 있을 무렵이었다. 이 시를 읽는 순간 나는 깊은 감명을 받았고, 다른 사람들과 이 감동을 나누고 싶어서 내가 근무하던 학교의 선생님들에게 이 시를 복사해서 나눠줬다. 시의 한 구절 한 구절을 지나칠 수가 없을 정도로 진실한 내용이 가슴 깊이 와 닿았다. 그토록 커다란 지혜가 이렇게 간결하게 요약될 수 있다는 사실에 놀라지 않을 수 없었다.

시를 좋아하고 특별히 여기긴 했지만 이 시를 지은 이를 만날 기회가 올 거라는 생각은 꿈에도 하지 않았다. 그런데 몇 년 후 어느 심리학 학회 모임에서 이 시를 지은 도로시와 그녀의 남편 클로드를 만나게 됐다. 그들은 고맙게도 그들이 묵고 있는 방으로 나를 초대했다. 도로시는 자신의 시처럼 친절하고 자상하고 호의적이며, 격려와 배려가 넘치는 친근한 태도로 나를 대해줬다.

그날 저녁 그 부부와의 만남은 내게 결코 잊을 수 없는 소중한 기억으로 남아 있다. 학생들에게 자기 자신을 받아들이고 사랑하는 법을 가르치면서 그 가르침을 스스로 실천하기 위해 고군분투하는 한 젊은 교육자에게 그날 저녁 두 사람이 베풀어준 사랑과 관심이 얼마나 큰 영향을 미쳤는지 그들은 상상도 하지 못할 것이다.

일상생활에서 자녀교육에 필요한 지침은 말이나 글로 표현하기는 쉬워도 실천하는 것은 몹시 어렵다. '아이들은 생활 속에서 배운다'는 내가 교사로서 학생들과 좋은 관계를 맺고 세 아들과 좋은 관계를 유지하는 데 중요한 교육 지침이 됐다.

나는 30년 동안 교육자로서, 그리고 자녀교육 프로그램을 이끄는 지도자로서 살아왔다. 그래서 부모는 아이를 진심으로 사랑하고, 너그럽고 정직하게 키우고 싶어 한다는 것을 알고 있다. 하지만 문제는 그들이 자녀와 좋은 관계를 맺고 소통하는 기술이나 방법, 자녀와 공감하고 아이를 배려하며 정직하고 공정하게 양육하는 방법에 관해 배운 적이 전혀 없다는 사실이다.

세상에 "여보, 우리 꼬맹이 빌리의 자긍심을 산산조각 낼 수 있는 근사한 방법이 네 가지나 떠올랐어. 그 애를 야단치고, 비웃고, 창피를 주고 그 애에게 거짓말을 하는 거야."라고 말하며 의도적으로 아이에게 상처를 주려고 작정하는 부모는 아무도 없을 것이다. 그런데 일상생활에서 부모는 종종 아이들에게 상처를 준다.

의도한 바가 아니기 때문에 부모는 자신들의 불안과 동요가 아이에게 전해진다는 사실을 깨닫지 못한 채 무의식중에 혹은 자녀가 그런 감정을 눈치채지 않을까 하는 두려움을 느끼며 자신의 불안감과 콤플렉스를 아이에게 그대로 전달하곤 한다. 아이와의 건강한 관계를 가로막는 부정적이고 파괴적인 태도를 버리고 행복하고 안정감 있는 아이로 키우기 위해서는 부모의 용기 있고 사려 깊은 행동이 필요하다.

도로시 로 놀테는 이 시의 각 구절을 주제로 삼아 그것과 관련된 다양한 일화와 구체적인 사례를 보여준다. 그리고 이 시가 전달하는 소중한 교훈을 일상생활에서 매일 실천할 수 있는 방법을 가르쳐준다. 그녀는 아이를 비판하기보다는 너그럽게 대하도록, 판단하기보다는 포용하도록, 창피를 주는 대신 격려해 주도록, 냉담하게 대하기보다는 친근한 태도로 대하도록 하는 방법을 단순하고 쉽게 가르쳐준다.

게다가 이 책은, 훌륭한 부모가 되는 방법은 물론이고 더 좋은 배우자 · 교사 · 관리자가 되는 방법까지도 가르쳐준다. 이 책에 소개된 원칙과 방법은 누구와도 사랑하고 존경하며 긍정적인 힘을 북돋아주는 관계를 맺을 수 있도록 해주는, 인간관계의 보편적인 원칙들이다.

만약 세상 사람들이 모두 다른 사람들과의 관계에 이 원칙들을 적용하고 실천한다면, 세상에 폭력과 전쟁은 줄어들고, 일터의 파업이 줄어들고 생산성이 늘어나며, 수업시간에는 학생들이 공부하는 척하지 않고 실제로 배움에 정진하는 시간이 더 많아질 것이다. 또 우리 사회에서 교도소나 보호감호소, 마약재활센터에 수용해야 할 인원도 눈에 띄게 줄어들 것이다.

세상에서 일어나는 거의 모든 문제가 가정에서부터 비롯된다는 것을 분명히 인식하기를 바란다. 그리고 당신이 더 나은 부모가 되는 것은 우리가 사회적으로 직면한 수많은 난제를 해결하는 데 가장 실질적으로 기여하는 것이라는 사실 또한 잊지 말길 바란다. 당신이 현재 얼마나 훌륭한 부모인지에 상관없이 당신을 더 좋은 부모로 성장시켜줄 마법 같은 모험이 시작될 것이다.

당신의 아이를 더 당당하고 자신감 넘치고, 인내심 있고 감사할 줄 알며, 사랑이 넘치고, 목표 의식이 분명하며, 너그럽고 정직하고 공정하며, 예의 바르고 친근한 사람으로 키울 수 있다면 그보다 더 큰 보람이 어디 있겠는가? 세상 모든 아이가 이런 품성을 지닌 어른으로 성장했을 때 세상이 어떨지 한번 상상해 보라. 이런 품성을 가진 사람들이 정치를 하는 세상을 상상해볼 수 있는가? 나는 상상할 수 있다.

도로시 역시 나와 마찬가지일 것이다. 나는 이런 확신이야말로 사람들이 '진정한 성장'을 할 수 있도록 양육하는 일에 힘 쏟고 우리의 노력을 계속해가는 힘을 주는 원동력이라고 굳게 믿는다.

부모가 된다는 것은 숭고한 사명에 부름 받는 일이다. 당신의 자녀뿐 아니라 더 나은 세상을 만드는 데 이바지할 수 있는 힘이 당신에게 있다는 것을 믿길 바란다. 이 책은 당신이 이상적인 부모가 되고, 언제나 자랑할 수 있는 자녀를 키워내고, 모든 사람이 꿈꾸는 행복한 세상을 만들기 위해 우리의 의식이 진화하는 데 이바지할 것이다.

잭 캔필드
《영혼을 위한 닭고기 수프》, 《엄마의 영혼을 위한 닭고기 수프》의 저자

'아이들은 생활 속에서 배운다'에 얽힌 이야기

나는 캘리포니아 남부의 지역신문에 '창조적인 가족생활'에 대한 칼럼을 기고한 적이 있다. 그 칼럼의 내용 중에 '아이들은 생활 속에서 배운다'라는 시를 썼다. 당시 나는 열두 살 난 딸과 아홉 살 난 아들의 엄마였다. 또한 어린이집에서 부모교육 담당이사로 일하면서 지역학교에서 가족생활에 대해 강의를 하고 있었다. 그때는 이 시가 세계적으로 유명해질지 상상조차 못했다.

'아이들은 생활 속에서 배운다'라는 시는 내가 가정생활 강좌를 하면서 여러 부모가 내게 던진 질문들에 대한 내 나름대로의 대답이었다.

이 시는 '부모가 되는 것이 어떤 의미인가?'에 대해 고민하는 이들에게 그 답을 말해준다. 과거의 부모들은 '어떤 일은 하고 어떤 일은 하지 마라.'하는 방식으로 자녀를 지도했다. 아이들 스스로 어떤 방향으로 나아갈 수 있도록 이끌어주는 부모의 역할에 대해서는 개념조차 없었던 시대였다. 부모가 자녀에게 가장 강력한 영향력을 끼치는 방법은 일상생활에서 부모가 모범을 보여주는 것인데, 이 시에 그러한 내용이 모두 담겨 있다.

세월이 지나면서 '아이들은 생활 속에서 배운다'는 수많은 토론회의 주제로 활용됐다. 애버트연구소의 로스 프로덕트 지사를 통해 이 시의 요약본이 수백만 명의 의사와 부모에게 전달되고, 교육 현장에서 교재로 활용되고 있다. 나는 이 시를 읽을 때마다 이 시가 부모가 자녀를 키우는 데 도움이 되는 자녀교육 지침서로 활용되길 바란다.

시간의 변화

시간이 흐르면서 이 시도 일부 수정된 부분이 있다. 가장 중요한 구조적인 변화는 단수, 복수의 사용이다. 맨 처음 이 시는 '칭찬을 받고 자란 아이는 자신감을 배운다.'라는 형태로 쓰였다. 이후 나는 좀 더 포괄적인 표현을 위해 '칭찬을 받고 자란 아이들은 자신감을 배운다'라는 형태로 이 시를 고쳐 썼다.

또 얼마 후에는 시의 한 구절에 복합돼 있던 '정직과 공정함으로 자란 아이들은 진실과 정의를 배운다.'를 '정직함 속에서 자란 아이들은 진실을 배운다.'와 '공정한 대우를 받고 자란 아이들은 정의를 배운다.'라는 두 가지 구절로 나누었다. 아이들이 정직함과 공정함을 별개의 품성으로 본다는 사실을 알게 됐기 때문이다. 또한 진실과 정의라는 가치관을 더 구분하려는 의도이기도 했다.

최근에 나는 '친절과 배려심 속에 자라난 아이들은 존중하는 법을 배운다.'라는 새로운 구절을 덧붙였다. 우리 사회가 다문화 사회로 바뀌어 가면서 아이들이 여러 사람의 차이점을 수용할 수 있는 기반으로 남을 존중하는 마음을 키우기를 바랐기 때문이다.

이 책을 쓰는 동안 나는 '정직함 속에서 자란 아이들은 진실을 배운다.'라는 구절을 다시 한 번 곰곰이 생각해 봤다. 내가 처음으로 이 시를 썼던 때는 '진실'이라는 개념이 매우 명확해 보였다. 하지만 시간이 더 흐른 후에야 세상에는 수많은 다른 진실이 있다는 것을 깨닫게 됐고 진실이라는 것이 언제나 그렇게 명백한 것만은 아니라는 것을 알았다.

그래서 나는 이 구절을 '정직함 속에서 자란 아이들은 진실함을 배운다.'로 바꾸기로 했다. 이것이 아이들 스스로 정직성을 발견하는 데 도움을 준다고 생각한다. 이 책의 맨 앞장에 소개된 시는 '아이들은 생활 속에서 배운다'의 최신 완결판이다.

우리를 이어주는 말

나는 이 시를 읽고 감명 받았다는 사람들과 수년간 교류를 해왔다. 한 어머니는 내게 이렇게 말했다. "혹시 이런 말을 들으면 기분이 나쁘실지 모르겠지만 저는 그 시를 욕실에 붙여 놓았답니다." 욕실은 그녀가 개인적인 시간을 보낼 수 있는 유일한 장소였다. 그녀는 자신이 어머니로서 얼마나 소중한 사람인지 스스로 상기하기 위한 장소로 욕실을 활용했다. 종종 거기서 혼자 시간을 보내며 책을 읽어온 것이다.

한 아버지는 이 시를 차고의 작업대 위에 붙여 놓았다고 했다. "머리끝까지 화가 치밀어 올라 참을 수 없을 때는 이 시를 읽는답니다." 그들은 부모 입장에서 마음을 가다듬고 통찰력을 가져야 한다고 여길 때마다 '아이들은 생활 속에서 배운다'라는 시를 읽으며 위안과 격려를 얻었다고 했다.

얼마 전 한 할머니는 이 시를 손자들과 좋은 관계를 유지하는 지침으로 삼고 있다고 말했다. 그분은 자녀를 기를 때 '아이들은 생활 속에서 배운다'를 마치 성경처럼 소중하게 여겨 왔는데 이제는 손자들을 위해 시 속에 담긴 지혜를 활용한다고 했다.

또 다른 어머니는 이 시를 읽은 것이 자신이 부모가 되는 법을 배울 수 있었던 첫 번째 수업이라는 편지를 보내왔다. 수많은 사람들이 '아이들은 생활 속에서 배운다'를 어떻게 만났는지, 개인적인 만남에 대해 들려줬다. 덕분에 나는 이 시가 많은 사람에게 어떤 부모가 돼야 하는지 생각해볼 수 있는 계기가 됐다는 사실을 알게 됐다.

'아이들은 생활 속에서 배운다'는 분명하고도 단순한 메시지를 전한다. 아이들은 자신의 부모로부터 끊임없이 배운다. 당신의 아이는 늘 당신을 바라보고 있다. 아이들에게 이래라저래라 시키는 말을 통해서가 아니라 당신의 행동 하나하나, 말 한마디 한마디를 보고 배우고 있다는 것을 잊지 말아야 한다.

당신은 아이들에게 가장 큰 영향력을 끼치는 모델이다. 아이에게 가치관을 가르칠 수는 있지만 아이는 그 가르침보다 부모의 행동과 말, 태도에서 드러나는 가치관을 더 잘 받아들인다. 자녀는 부모가 화가 났을 때 감정을 어떻게 다스리는지, 어떻게 표현하는지, 어떻게 해결하는지를 보고 그것을 평생의 지침으로 삼는다. 나는 아이들이 유일무이하며 자기만의 창조성과 지혜를 갖고 있다고 믿는다. 그러한 아이의 내면을 발견하고 아이가 세상을 향해 아름다움을 빛내는 것을 보는 것은 부모의 특권이다.

나는 '아이들은 생활 속에서 배운다'가 세월의 시험을 견뎌냈으며 여러 세대를 거쳐 가족에게 부모의 역할에 대한 현명한 접근법을 제시해 왔다고 믿는다.

이 책은 당신에게 가족생활에서 진정으로 중요한 것이 무엇인지 되돌아보고 살피는 시간을 가져야 할 필요성을 일깨워줄 것이다. 이 시와 이 책이, 아이를 양육하면서 자신의 느낌과 직관을 신뢰하도록 이끌어주고 격려해주기를 바란다. 아이들의 재능을 가꾸어주고 아이들이 가정생활에 참여하고 이바지하는 법을 배우면서 자신을 표현하는 것을 소중히 여기고 격려해야 한다는 것을 기억해야 한다. 이런 과정을 통해 아이와 함께 가족이라는 울타리 안에서 서로 격려하고 성장하며 나누고 함께 배워 나가는 동반자적인 관계를 일굴 수 있을 것이다.

내 시를 처음 읽는 부모들은 종종 "나도 이 정도는 다 알고 있어."
라고 말한다. 그렇다. 아마 이 시의 내용은 당신이 이미 알고 있는
것들일 것이다. 이 시는 당신이 이미 알고 있던 사실들을 내면적인
지혜와 연결해준다. 이 책을 쓴 의도는 '아이들은 생활 속에서 배운
다' 시의 각 구절이 가진 의미를 확장하기 위해서다.

이 책을 읽는 것은 모두가 둘러앉아 사는 것에 대해 이야기를 나
누는 것과 마찬가지의 효과가 있을 것이다. 이 책을 그저 읽고 끝내
지 말고 각자의 경험을 나누는 것으로 활용하기를 바란다. 내 시가
여러분에게 생생하게 살아 움직이는 현실로 다가가길 바란다. 아이
들은 정말 일상에서 배운다. 그리고 자신들이 배운 대로 성장하고
살아간다.

도로시 로 놀테

내 아이를 바로 세우는 인성교육의 비밀

　처음 이 책을 접한 것은 아이가 첫돌을 맞이할 즈음이었다. 생명 하나를 키워낸다는 막중한 책임감에 짓눌려 쪽잠을 자다가도 가위에 눌려 깨곤 했다. 그 무게만큼이나 품에 안긴 아이는 너무 사랑스러웠고 나는 좋은 엄마가 되고 싶었다.

　닥치는 대로 육아서적을 읽었다. 내 아이를 자기주도적인 사람으로, 영재로, 리더로, 미래인재로 키우는 방법들을 가르쳐주는 수많은 책을 읽을수록 좌절감에 마음은 더 무거워지고 머릿속은 더 혼란스러워졌다. 이럴 땐 이렇게 하라는 식의 수많은 이론과 지침이 머릿속을 빙빙 돌았지만 늘 그렇듯 이론과 현실의 거리는 까마득히 멀었다.

　핏덩이였던 아기가 말문이 트이고 제법 사람꼴을 갖춰가는 세 돌 무렵, 어느 순간 뒤를 돌아보면 나의 '미니미' 버전이 그림자처럼 따라다니며 내 일거수일투족을 관찰하고 그대로 따라하고 있었다. 나를 거울처럼 그대로 비춰 보이는 아이를 통해 매일 나의 한계를 보앉고 좌절했다.

나는 정말 좋은 엄마가 되고 싶었다.

좋은 엄마가 되려니 먼저 좋은 사람, 훌륭한 어른이 되어야 했다.

언제나 그렇듯이 진리는 단순하다. 그러나 그 단순한 진리야말로 가장 실천하기 어렵다.

좋은 부모가 되고 싶다면, 내 아이를 잘 키우고 싶다면, 먼저 내가 좋은 사람이 되고 잘 사는 모범을 보여주는 것 외에 다른 방법은 없다.

작년에 대한민국에서는 세계 최초의 법이 탄생했다. 인성교육을 법으로 명문화한 이른바 '인성교육진흥법'이다. 입시경쟁도 모자라서 인성경쟁까지 부추기게 된 교육 실태에 한없이 마음이 무겁다. 주입식 교육의 반대말은 뭘까? 자기주도 학습? 자기주도성이나 인성이, 법으로 정하고 교육기관의 평가에 반영되는 것으로 진흥될 리 만무하다.

이런 가치들은 일부러 가르치지 않아도 저절로 '몸에 배고', '마음에 스며들고', '물들여지는 것'이니까. 그러니까 이 책의 제목처럼 결국 아이들은 생활 속에서 배운다. 학교·학원·과외선생님이 가르쳐줄 수 없는 모든 것을 아이들은 생활 속에서 배운다. 내 아이에게 과연 어떤 색을, 어떤 향기를 물들이는 부모가 될 것인가?

이 책에는 화려한 수사도 복잡한 이론도 없다. 지극히 상식적이고 단순하다. 하지만 여러 해 동안 되풀이해서 읽을 때마다 매번 다른 감동과 통찰을 준다. 반짝 유행하는 베스트셀러가 아니라 세월의 시험을 견뎌 온 스테디셀러로서 세대를 초월하는 공감을 준다. 단순한 자녀교육 지침서가 아니다. 부모가 어떤 사람이 되어야 할지 자신을 성찰하고, 더 나은 배우자·동료·이웃이 되는 것의 의미를 되짚게 한다.

모두들 '살기 힘들고 아이를 낳아 키우기가 두려운 세상'이라는 불안감이 커져가는 이 시대에 이 책은 늘 곁에 두고 수신제가치국평천하(修身齊家治國平天下)의 의미를 되새기는 지침서가 되어주리라 믿는다. 부디 많은 독자들에게 널리 읽히고 사랑 받기를 바란다.

김선아
세상 무엇과도 바꿀 수 없는 행복을 주는 지빈이와 더불어
매일 조금씩 함께 성장하는 여섯 살짜리의 엄마

| 시 |

아이들은
생활 속에서 배운다

❀ 도로시 로 놀테 ❀

야단을 맞으며 자라는 아이들은 비난하는 것을 배운다.

적대적인 분위기에서 자라는 아이들은 싸우는 것을 배운다.

두려움 속에서 자라는 아이들은 불안감을 배운다.

동정을 받으며 자라는 아이들은 자기연민을 배운다.

놀림을 받으며 자라는 아이들은 수치심을 배운다.

질투 속에서 자라는 아이들은 시기심을 배운다.

수치심을 느끼며 자라는 아이들은 죄책감을 배운다.

격려를 받으며 자라는 아이들은 자신감을 배운다.

관용 속에서 자라는 아이들은 인내심을 배운다.

칭찬을 받으며 자라는 아이들은
남을 인정하는 것을 배운다.

포용 속에서 자라는 아이들은 사랑을 배운다.

허용적인 분위기 속에서 자라는 아이들은
자신을 사랑하는 법을 배운다.

인정받으며 자라는 아이들은
목표를 갖는 것이 좋다는 것을 배운다.

서로 나누면서 자라는 아이들은 관대함을 배운다.

정직함 속에서 자라는 아이들은 진실함을 배운다.

공정한 분위기 속에서 자라는 아이들은 정의를 배운다.

친절과 배려 속에서 자라는 아이들은 남을 존중하는 법을 배운다.

안정감을 느끼며 자라는 아이들은
자기 자신과 주변 사람에 대한 믿음을 배운다.

친밀한 분위기 속에서 자라는 아이들은
이 세상이 살기 좋은 곳이라는 것을 배운다.

차례

야단을 맞으며 자라는 아이들은
비난하는 것을 배운다

If children live with criticism,
they learn to condemn.

아이들은 스펀지와 같다. 아이들은 우리의 말과 행동, 모든 것을 있는 그대로 받아들인다. 만약 우리가 끊임없이 다른 사람들을 비판하거나 사소한 일에 불평을 늘어놓는다면, 아이들에게 다른 사람을 비난하는 법, 더 나쁘게는 자기 자신을 비난하는 태도를 가르치고 있는 것이다. 그러다 보면 결국 아이들은 세상의 바르고 아름다운 것보다 잘못된 것에 주목하게 된다.

비난의 감정은 말투나 억양, 순식간에 오가는 눈빛 등 여러 가지 방법으로 전달될 수 있다. 특히 어린아이들은 말하는 태도에 아주 민감하다. 예를 들어 엄마가 "이제 가야 할 시간이야."라고 말하면, 아이는 그저 '가야 할 시간이구나.'라는 뜻으로 받아들인다. 그런데 똑같은 말을 아빠가 서두르면서 초조한 마음을 드러내면서 했다면,

아이는 '이렇게 시간을 질질 끌다니 넌 정말 나쁜 아이구나!'라는 뜻을 담은 말로 받아들일 수도 있다.

아이가 엄마 아빠의 말 중 어떤 것을 더 잘 들을 거라고 장담할 수는 없지만, 분명한 것은 아이는 이 두 메시지를 전혀 다르게 받아들인다는 것이다. 그리고 초조하게 내뱉은 아빠의 말은 어쩌면 아이 스스로 자신을 비하하거나 과소평가하도록 할 수도 있다.

물론 누구나 화가 나는 상황이 있고 남을 비난하기도 한다. 그러나 문제가 되는 것은 끊임없이 비난하거나 습관적으로 불평하는 태도다. 비난을 늘어놓는 것이 습관적으로 행해지면 그 결과가 누적돼 결국 가정을 부정적이고 비판적인 분위기로 만든다. 우리는 아이를 위해 선택해야 한다. 우리 가정을 비판적이고 책망하는 분위기로 만들 수도 있고, 서로 지지하고 격려하는 따뜻한 분위기로 만들 수도 있다.

순간적인 홧김에

여섯 살 소녀 애비는 자신이 꺾어온 꽃을 물이 담긴 플라스틱 꽃병에 꽂고 있었다. 그런데 팔꿈치로 꽃병을 건드려 그만 바닥이 물바다가 됐다. 당황해서 어쩔 줄 몰라하던 애비는 울음을 터뜨렸고, 그 소리에 엄마가 달려왔다.

"세상에! 왜 시키지도 않은 짓을 해서! 이게 뭐니?!"

애비의 엄마는 화부터 내고 말았다.

이런 경험은 우리에게도 있을 것이다. 생각도 하기 전에 말이 먼저 튀어나오는 것이다. 아이에게 상처가 될 말을 순간적으로 내뱉고 나서 스스로 깜짝 놀라기도 한다. 애비의 엄마도 너무 지쳐 있었거나 아주 바쁜 상황이었을 수도 있다. 그렇지만 얼른 분위기를 바꿔 더 심각한 상황이 되지 않게 하는 것이 중요하다. 그러면서 자신이 내뱉은 말로 아이가 마음의 상처를 받지 않았는지 확인하고 다독여주는 것이 좋다.

만약 애비의 엄마가 잠시 숨을 고르고 마음을 진정시킨 다음, 애비에게 소리 지른 것을 사과하고 어질러진 것을 함께 치운다면 좋을 것이다. 그러면 애비는 이 일에 대해 기분이 나쁠 수도 있겠지만 자기 자신에 대해 나쁜 감정을 가지지는 않을 것이다. 하지만, 만약 애비의 엄마가 계속해서 애비를 꾸짖는다면 애비는 자신이 정말 조심성 없고 무능한 아이라고 인식하게 될 것이다.

아이들이 말썽을 부려서 짜증이 치밀어 올라도 욱하는 감정을 자제해야 한다. 이를 잘 알고 있지만 실제 상황에서 감정을 조절하고 다스리는 것이 쉬운 일은 아니다. 그래서 우리는 감정적으로 반응하는 자기 자신을 이해하고 통제하기 위해 항상 노력해야 한다.

위와 같은 상황에서 "어쩌다 이렇게 되었니?"하며 평정심을 유지하는 모습을 보이고 상처 주지 않는 말을 평소에 연습하고 준비하면 큰 도움이 된다. 그런 연습이 돼 있다면, 아이는 말썽을 부리거나 실수를 저질렀을 때도 자신을 자책하거나 비관하지 않을 것이다.

그리고 긍정적이고 건설적인 생활방식을 배우는 여유를 가질 수 있다. 아이에게 사건이 어떻게 일어났는지 원인과 결과를 이야기하도록 격려한다면 아이는 자신의 행동이 어떤 결과를 가져오는지 이해하고 앞으로는 어떻게 행동해야 할지 스스로 깨달을 수 있다.

어떤 일을 시작하기 전에 좀 더 시간을 들여 계획을 세우고 원칙을 정해주면 사고를 줄이고 예방할 수 있다. 대부분의 아이는 부모에게 기쁨을 주고 싶어 한다. 그래서 우리가 원하는 것이 무엇인지 구체적이고 명확하게 설명해주면 더 바르고 예쁜 행동을 하려고 노력할 것이다. 아이들은 언제나 행동의 지침이 될 명확한 정보가 필요하다.

케이티의 엄마는 다섯 살 난 딸을 재촉하고 있었다. 미용실에 들르는 것을 비롯해 여러 일을 처리해야 해서 서둘러 집을 나서야 했다.

"우리 귀염둥이, 서둘러 가자. 오늘 네 머리카락 자르러 가야 하는데 예약 시간에 늦으면 안 돼."

엄마가 말하자, 케이티는 갑자기 버럭 화를 내며 머리를 자르기 싫다고 했다. 짜증이 난 엄마는 아이에게 "고집쟁이!"라고 했고 케이티는 속이 상해 입을 닫았다. 다른 사람이 보기에는 케이티의 엄마가 특별히 케이티를 나무란 것이 아니라고 생각될 수도 있지만, 케이티가 받은 메시지는 '그렇게 고집을 부리니 너는 나쁜 아이구나!'라는 의미였다. 마침내 케이티는 겨우 마음을 가라앉히고 앞머리를 기르고 싶어서 머리카락을 자르고 싶지 않다고 엄마에게 말했다. 방금 일어난 소란이 결국 이것 때문이라는 것을 깨달은 엄마는 케이티를 보며 말했다.

"그래, 미용사에게 그렇게 말해주면 돼. 앞머리는 자르지 말아 달라고 하자."

만약 케이티의 엄마가 아침을 먹으면서 머리 손질을 하러 가자고 케이티와 의논해 봤다면 엄마도 케이티도 쓸데없이 티격태격하며 속상해하지 않아도 됐을 것이다.

물론 우리의 인내심이나 융통성과 준비성과 상관없이 아이들과 의견 충돌이 일어나는 경우가 있게 마련이다. 문제는 어떻게 해야 최대한 아이에게 상처를 주지 않으면서 이견을 조율하느냐다. 교착 상태에 빠지면 양쪽 모두 손해다. 케이티의 엄마는 아이가 원하는 스타일대로 머리를 자를 수 있도록 아이의 의견을 존중해 줬다.

이렇게 사소한 문제를 함께 결정하는 것은 아이가 십대로 접어들면서 더 큰 문제를 결정할 때 대화와 협상을 통해 풀어나갈 수 있다는 믿음을 갖게 해준다. 만약 자녀가 부모와 대화를 나눌 때 부모가 자신의 이야기에 귀를 기울이고 의견을 존중하고 있다는 것을 느끼면서 자란다면, 부모에게 더 많은 이야기를 하고 문제가 생기면 함께 의논하고 문제를 풀어가려 할 것이다.

대화의 방식

대개 우리가 아이들에게 야단치는 목적은 아이가 좀 더 잘하기를, 더 나은 사람이 되기를 바라기 때문이다. 우리 세대는 잘못을 저질렀을 때 부모님께 혼나면서 교육을 받아왔기 때문에 그런 방법이 자연스럽게 아이들의 교육에 적용되는 경우가 많다.

그런데 가끔은 우리가 스트레스를 받고 있거나 피곤해서 짜증의 화살을 아이에게 돌리는 것인지도 모른다. 어떤 경우든 아이는 비난을 격려로 받아들이지 않는다. 아이들은 비난을 개인적인 공격으로 받아들이기 쉽다. 그 결과, 아이들은 협조적이기보다는 자기 방어적인 태도를 보이게 된다. 아이들은 우리가 비난하는 것이 아이들 자신에 대해서가 아니라 자기가 저지른 행동에 대한 것이라는 사실을 이해하기가 어려울 수 있다.

아이의 행동이 잘못됐다면 반드시 그것을 지적하고 올바른 길을 제시해야 한다. 그때 우리의 말이 아이에게 어떤 영향을 줄지 충분히 생각해 본다면 아이의 자존감을 깎아내리지 않고도 필요한 메시지를 전달할 수 있다. 어떤 경우이든 아이가 한 행동이 올바르지 못했더라도 그 행동이 잘못된 것이지, 아이는 여전히 소중한 존재라는 점을 분명하게 이해시켜 줘야 한다.

윌리엄의 아빠는 냉장고에서 뭔가를 꺼내다가 거실에서 와장창 하고 유리 깨지는 소리를 듣고 무슨 일이 일어났는지 바로 알아챘다. 거실로 가니 깨진 유리창이 거실 여기저기에 흩어져 있었다. 여덟 살 난 아들은 깜짝 놀란 데다 잔뜩 겁을 먹은 얼굴로 아빠를 봤다. 아이는 야구 방망이를 들고 있었고 거실 바닥에 야구공이 데굴데굴 굴러다녔다.

"이제 집 근처에서는 야구를 하면 안 된다는 규칙이 왜 있는지 알겠니?"

아빠가 묻자 윌리엄은 고개를 푹 숙인 채 대답했다.

"네, 아빠. 조심하려고 했는데……."

"아니, 윌리엄. 집 근처에서 야구를 조심히 하는 게 규칙이 아니잖니. 야구를 하려면 집에서 멀리 떨어진 놀이터나 운동장에서 해야 한다는 거지."

"죄송해요."

윌리엄은 이쯤에서 일이 마무리되었으면 좋겠다고 생각했다. 윌리엄의 아빠는 진지함을 잃지 않고 아들을 바라봤다.

"자, 유리창을 갈아 끼우는 데 돈이 얼마나 드는지 한번 알아보자. 네가 용돈을 절약해서 그 돈을 모으려면 얼마나 걸리겠니?"

윌리엄은 자기가 저지른 실수의 결과가 어떤 것인지를 구체적으로 느끼면서 서서히 아빠의 말을 진지하게 받아들일 수 있었다. 아빠는 아들의 어깨가 책임감의 무게로 축 처지는 것을 봤다.

"아빠도 지금의 너만 한 나이에 유리창을 깨뜨려서 할아버지께 유리창 값을 갚았단다."

생각지도 못한 아빠의 고백에 윌리엄은 귀가 솔깃해졌다.

"정말이에요?"

"그럼, 유리창 값을 다 갚는 데 아주 오래 걸렸지. 그래서 그 후로는 유리

창을 깨뜨린 적이 단 한 번도 없어. 자, 이제 가서 빗자루랑 쓰레받기를 갖고 와. 유리 조각들을 치우자."

지나치게 꾸짖거나 벌을 주는 데 중점을 두면 아이는 부모와 분리된다는 느낌을 갖는다. 사람은 누구나 실수를 저지르고, 사고는 어디서든 일어날 수 있다. 이럴 때 따뜻하면서도 단호한 말투로 조언을 해준다면 아이들은 경험을 통해 배우고 자기가 잘못한 일에 대한 결과가 어떤 것인지를 이해하게 된다. 그리고 잘못을 반복하지 않으려면 어떻게 해야 하는지 생각하게 된다.

잔소리, 잔소리, 잔소리

끊임없는 잔소리와 불평불만은 비난의 다른 형태다. 잔소리의 바탕에 깔린 메시지는 '우리가 주의하라고 해준 말을 네가 기억하고 올바르게 행동할 거라는 걸 믿을 수 없어.'다. 아무리 어린 아이라 해도 잔소리를 쉬지 않고 하면 그것을 흘려듣는 법을 터득하게 된다. 십대 자녀는 헤드폰을 쓴 것처럼 잔소리를 완벽히 차단하는 능력을 가지게 된다.

잔소리보다 더 좋은 전략은 합리적인 기대를 하고 예상할 수 있는 일상의 규칙을 만드는 것이다. 예를 들어, 아이들에게 "잊지 마."라고 입버릇처럼 말하는 것보다 효과적인 방법은 '기억'하는 것을 강조하는 것이다. "벗은 양말은 세탁 바구니에 넣어야 한다는 걸

기억해." 그리고 "기억해, 이 인형은 집 안에서만 가지고 노는 거야." 이런 식의 이야기는 자녀를 격려하는 효과적인 방법이며 행동에 변화를 불러일으키는 영향을 끼친다.

특히 가족이 어떤 관계인지를 막 배우기 시작하는 어린아이에게 도움이 된다. 그리고 무엇보다 중요한 것은 아이들이 잘한 일은 반드시 인정하고 칭찬해 줘야 한다는 것이다. "장난감 블록을 치우는 것을 잊지 않았네? 덕분에 엄마가 쉴 수 있겠구나. 고맙다." 이런 긍정적인 말은 자녀들이 부모가 무엇을 기대하는지 알게 하고 부모가 자신을 격려하고 있다는 사실을 깨닫게 한다.

잔소리와 마찬가지로 불평불만을 늘어놓는 것도 자녀 교육에 좋은 영향을 끼치지 못한다. 불평하는 것은 문제를 해결하는 방법이 아니고, 오히려 부족함과 실망스러움에 초점을 맞추기 때문이다. 우리는 아이가 부정적인 시각으로 세상을 보는 것을 원하지 않는다. 또한, 문제가 생겼을 때 그 문제에 반응하는 방법으로 불평만 늘어놓는 사람으로 키워서도 안 된다. 불평하지 않고 문제를 해결하는, 창조적이고 긍정적인 방법을 자녀와 함께 떠올리도록 노력하라.

당신이 일상에서 불평불만을 어느 정도 하고 있는지 진지하게 생각해 보라. 우리가 실제로 얼마나 많은 불평과 불만을 안고 살아가는지 깨닫는다면 아마 깜짝 놀랄 것이다. 일을 할 때, 다른 사람의 말과 행동에 대해, 날씨에 대해, 맛없는 음식을 먹을 때 등 우리가 불평불만을 입에 달고 산다는 것을 알 수 있다. 우리 모두 가끔씩 불평할 수는 있지만 "징징대지 마라."라는 말은 아이들뿐만 아니라 부모에게도 적용된다는 사실을 명심해야 한다.

특히 아이들 앞에서 배우자에 대해 불평하는 것은 매우 파괴적이다. 이는 부부 문제에 아이들까지 끌어들이는 꼴이 된다. 아빠나 엄마 중 어느 한쪽 편을 드는 것은 아이에게는 선택 불가능한 일이다. 선택하기 힘든 양쪽의 길에서 어느 한 편을 포기해야 한다는 것은 아이를 강박관념에 사로잡히게 한다.

마찬가지로 아이의 할아버지나 할머니에 대해 불평하는 것도 아이를 곤란한 입장에 빠뜨린다. 부모나 친척을 칭찬하는 것이 아닌, 다른 문제들은 부부끼리 따로 이야기해야 하며 자녀와 할아버지 할머니 간의 좋은 관계에 영향을 끼치지 않도록 해야 한다.

우리가 굳이 드러내지 않아도 자녀는 곧 가족의 잘못된 점을 찾아낼 것이다. 그러니 너무 일찍부터 아이의 마음에 짐을 지우지 말자. 아이들에게는 말과 행동, 모든 면에서 가족 안의 어른들이 서로 존중하는 모습을 보여야 한다. 우리가 가족과 어떤 관계를 맺는지를 관찰하면서 아이들은 인간관계에 대해 학습하게 되고 사랑하는 사람끼리 아껴주고 마음을 나누는 방법도 배우는 것이다.

적대적인 분위기에서 자라는 아이들은
싸우는 것을 배운다

If children live with hostility,
they learn to fight.

　사람들은 대부분 자신이 적대적인 사람이라고 생각하지 않는다. 그리고 가정폭력이나 아동학대는 우리 가정과는 상관없다고 여긴다. 그럼에도 우리는 여전히 가정에서 언제든 폭발할 수 있는 분노를 억누르고 사는 듯한 분위기를 만들곤 한다. 물론 우리의 문화 속에는 적대심과 분쟁이 차고 넘치도록 많다. 요즘 아이들은 텔레비전이나 영화를 통해 과도한 폭력과 싸움에 장시간 노출돼 있다.

　적개심은 갑자기 폭발할 수 있다. 가정에서는 형제끼리, 학교에서는 급우끼리, 길에서는 낯선 사람끼리, 또는 운전 중이나 일상에서 이웃 간에도 갑작스럽게 적개심이 폭발할 수도 있다. 아이들은 이런 적개심과 분쟁이 가득한 곳에서 살고 있다. 부모가 부부싸움을 하거나 이웃끼리 다투는 것을 보거나 뉴스를 통해 크고 작은 전쟁 혹은 분쟁에 대한 사고를 접하기 때문이다.

적대적인 분위기에서 생활하는 아이들은 자신을 나약한 존재로 여기게 된다. 어떤 아이들은 어깨에 잔뜩 힘을 준 채 강한 척하는 것으로 대응하기도 한다. 마치 건드리기만 해도 덤벼들 것 같은 호전적인 태도를 보이거나 일부러 시비를 걸기도 한다. 또 어떤 아이들은 가벼운 의견 대립조차 피하려 할 만큼 싸움 자체에 겁을 먹거나 지나치게 공포감을 갖기도 한다. 이런 각각의 유형은 초등학교 놀이터나 어린이집에서 흔히 볼 수 있는 모습이다.

가정에서 공격적이고 부정적인 분위기가 형성돼 있으면 아이들은 싸움이 문제를 해결하는 방법이라 여기게 된다. 또 인생은 전쟁이고 싸우지 않고서는 공정한 대우를 받지 못한다고 생각하며 자랄 것이다. 아이들은 부모가 다른 사람과의 의견 대립을 어떤 방법으로 해결하는지를 보면서 다른 사람과의 문제를 해결해 나가는 법을 배운다. 부모가 파괴적이고 공격적인 싸움을 하는지, 아니면 건설적인 대화로 푸는지를 보며 똑같은 해결책을 따라 사용하게 될 것이다.

쌓여가는 먹구름

분노가 폭발하는 것은 뭔가 큰 사건이 터져서가 아니라 사소한 것들이 쌓이고 쌓여 더는 견딜 수 없을 지경에 이르렀을 때인 경우가 많다. 힘든 하루를 보내고 지치고 배고픈 채로 집에 돌아왔을 때 우리는 종종 그동안 쌓인 스트레스가 폭발해서 평정심을 잃곤 한다.

　네 살배기 프랭크는 유치원에서 힘든 하루를 보냈다. 컴퓨터를 쓰고 싶었는데 자기 차례가 오지 않았고, 선생님은 다같이 공평하게 컴퓨터를 쓸 수 있도록 신경 써주지 않는다고 느꼈다. 게다가 아빠는 사무실에 갑자기 급한 일이 생겨 프랭크를 데리러 오기로 한 시각보다 늦게 도착했다. 집에 돌아가는 길에 아빠가 물었다.

　"오늘 유치원에서 어땠니?"

　아빠는 쾌활한 척 그리고 관심이 있는 척했지만, 사실은 피곤하고 지칠 대로 지쳐 정신이 다른 데 팔려 있었다.

　"좋았어요."

　프랭크는 차 뒷좌석에 앉아 멍하니 창밖을 바라보며 시큰둥하게 대답했다. 라디오에는 뉴스가 방송 중이었고 길이 막혀서 차는 느릿느릿 움직였다. 그들이 집에 도착했을 때 엄마는 부엌에서 분주하게 저녁 식사를 준비하고 있었다. 싱크대 한쪽에 놓인 작은 TV에서는 뉴스가 빠른 속도로 사건 사고 소식을 전했다. 식구들은 모두 배가 고팠다. 혼자 재킷을 벗던 프랭크는 실수로 싱크대 위의 도시락을 쳐서 떨어뜨렸고 바닥 여기저기에 크래커 가루가 쏟아졌다.

　가정에서 이런 상황은 꽤 흔할 것이다. 그 다음에 어떤 일이 일어났는지 상상하는 것이 어렵지 않다. 대부분 이와 비슷하게 정신없이 바쁜 삶을 살고, 해야 할 일을 일일이 챙기는 게 매우 힘들고 피곤하다는 것을 안다. 우리가 스트레스를 얼마나 잘 극복하느냐는, 불만족스럽고 짜증나고 그리고 신경이 날카로울 때 사소한 일에 신경질이 나는 감정들을 조절할 수 있는 능력에 달려 있다.

이런 사소한 감정들을 느낄 때 그것을 인정하고 그때그때 창조적인 방법으로 없애지 않으면 이런 감정들이 불쑥 치밀어 오르거나 계속해서 쌓여서 어느 순간 감당할 수 없는 큰 분노가 될 수 있다. 처음에는 조금 울적하고 분한 마음이 생겼다가 그것이 하나하나 쌓여서 어느 순간 갑자기 엄청난 분노로 폭발하기도 한다.

다행히도 이 경우 프랭크의 엄마는 짜증을 억누르고 그 상황에 현명하게 대처했다. 엄마는 프랭크에게 작은 쓰레받기와 빗자루를 건네주며 "괜찮아. 이걸로 깨끗하게 치우렴."하고 말했다. 그리고 저녁 식사를 위한 닭고기구이를 오븐에 넣고 프랭크 옆에 무릎을 꿇고 앉아 격려하는 투로 말했다. "벌써 거의 다 치웠네. 자, 나머지는 엄마가 도와줄게." 엄마는 빗자루로 남은 부스러기들을 쓸어 모은 다음 프랭크가 들고 있던 쓰레받기에 담았다. 프랭크의 얼굴에는 감사의 미소가 피어올랐다.

우리는 이 사건의 다른 결말을 쉽게 상상해볼 수 있다. 도시락을 떨어뜨린 후, 프랭크는 짜증이 폭발해서 이렇게 소리쳤을 수 있다.

"난 이 도시락이 싫어! 유치원도 싫어!" 엄마는 이 사건을 아빠 탓으로 돌리며 고함을 질렀을 수도 있다. "아니, 내가 요리하는 동안 프랭크를 돌보지 않고 뭐하는 거예요?" 아니면 프랭크를 혼내며 불평을 터뜨렸을 수도 있다. "이게 무슨 난리야! 좀 조심할 수 없니?"

불만을 느낄 때는 불만을 즉시 이야기하는 것이 좋다. 상황이 허락하지 않는다면 혼잣말로라도 감정을 표현해야 한다. 아이들은 우리가 짜증에서 싸움으로까지 번지는 적대적인 감정들을 다루는 법을 보면서 어떻게 그런 감정들을 다스리면 좋을지를 배우게 되기 때문이다.

흥미롭게도 우리는 어린 자녀들에게서 긴장을 해결하는 방법을 배울 수 있다. 아이들은 갑자기 하던 일을 멈추고 에너지를 발산하는 일, 예를 들어 달리기를 하거나 그림을 그리거나 인형과 소꿉놀이를 하는 등 에너지를 소비할 수 있는 활동을 함으로써 본능적으로 화를 떨치고 욕구불만을 해소한다.

우리도 자제력을 잃고 화를 내는 대신에 잠깐 산책을 한다든지, 정원 일을 하거나 세차를 하는 등 육체적인 활동으로 화를 떨칠 수 있다. 만약 시간적 여유가 없다면 천천히 심호흡을 할 수도 있다. 이런 행동을 하는 목적은 긴장을 누그러뜨리고 자제력을 되찾기 위해서다. 이것은 우리가 긴장된 순간을 잘 넘길 수 있도록 도와줄 뿐 아니라 아이들에게도 좋은 본보기가 될 수 있다. 아이들이 긴장되고 짜증나는 기분을 자연스럽게 떨쳐버리지 못할 때는 상상력 게임을 이용해서 감정을 어떻게 다스리면 좋을지 이끌어줄 수 있다.

유치원에서 힘든 하루를 보낸 프랭크에게 엄마나 아빠는 이렇게 물어봤을 수도 있다.

"오늘 유치원에서 네가 느낀 기분을 동물로 표현한다면 어떤 동물이겠니?"

프랭크는 아마도 이렇게 대답했을 것이다.

"나는 사자처럼 으르렁대고 싶은 기분이었어."

그리고 집으로 돌아온 지금은 어떤 동물이 된 느낌인지 다시 한 번 물어볼 수도 있다. 어쩌면 프랭크는 이렇게 대답할지 모른다.

"지금 나는 꼭 껴안아주고 싶은 강아지 같아."

이런 대답을 통해 프랭크의 부모는 아이가 힘든 하루를 보내고 난 후에 따뜻한 포옹과 보살핌을 원하고 있다는 것을 알 수 있을 것이다.

먹구름 다스리기

아이들도 분노를 포함해 자신의 감정을 인정하고 표현할 권리가 있다. 이것은 아이들이 다른 사람을 방해하거나 남의 물건을 마음대로 망가뜨릴 권리가 있다는 뜻이 아니다. 발로 차거나 때리기, 물어뜯거나 사람을 밀치는 등의 난폭한 행동은 절대로 용납돼서는 안

되며 아이들이 그런 행동을 했다면 즉시 제재를 가하고 벌을 세우는 등 훈육적인 조치를 취해야 한다.

어린아이들은 감정을 행동보다 말로 표현하는 방법을 배우기까지 부모의 도움을 받아야 한다. 우리는 부모로서 자녀가 느끼는 욕구 불만을 진지하게 받아들이고 존중해주는 동시에 반드시 규칙을 지키고 잘못된 행동을 하지 않도록 선을 그어줘야 한다. 물론 늘 이런 훈육 방침을 조화롭게 실천해 나가는 것이 쉬운 일은 아니다.

어느 날 오후, 테사의 엄마는 아홉 살 난 테사와 놀러 온 여자친구가 티격태격하는 소리를 들었다.

"친구에게 화를 내는 건 좋지 않아. 자, 둘 다 그만해."

테사의 엄마는 말했다. 나중에 엄마는 테사에게 이를 닦지 않는다고 소리를 질렀다. 그러자 테사가 말대꾸를 했다.

"자기 딸에게 화를 내는 건 좋지 않아."

엄마는 머리끝까지 화가 치밀어 올랐다.

테사는 엄마를 비웃거나 엄마의 권위에 도전하려는 것이 아니다. 테사는 단지 엄마가 한 말에 일관성이 없다는 것을 지적하고 있을 뿐이다. 그리고 어째서 어른들은 화를 내는데 아이들은 화를 내서는 안 되는지, 또는 다른 사람들은 자신에게 화를 낼 수 있는데 자기는 그래서는 안 되는지 이해할 수 없고 의아해하는 것이다.

테사는 당연히 이의를 제기할 수 있다. 아이들에게 이런 이중적인 잣대를 적용해서는 안 된다. 부모는 자녀가 본인이 느끼는 감정을 스스로 규정할 수 있도록 해줘야 한다. 이를 도와줄 수 있는 한 가지 방법은 단정 짓지 않고 질문을 하는 것이다.

'네가 이러이러해서 화가 나 있다는 걸 알아.'라고 단정적으로 말하기보다는 "뭐가 기분이 나쁜 거니?"라거나 "왜 그렇게 기분이 안 좋아?"라고 물어보라. 그리고 그런 질문에 이어 "어떻게 하면 네 기분이 좋아질까?"라고 물어보라. 이런 질문은 아이들이 자신의 감정 상태를 스스로 깨닫고 그 감정을 정리하고 해결하는 여러 가지 방법을 찾아낼 수 있도록 도와준다.

우리 마음속에 있는 먹구름

우리가 짜증이나 적개심, 분노를 다루는 태도는 아이들에게 그런 감정을 어떻게 다스리라고 말로 가르치는 것보다 훨씬 더 강력한 영향력을 미친다. 우리가 기분이 나쁠 때 아이에게 그런 기분을 전가해서는 안 된다. 그렇다고 화를 억지로 숨기면서 화가 나지 않은 척해서도 안 된다. 자신의 감정에 솔직한 태도를 보이는 것이 더 좋다. 아무리 화가 난 것을 숨기려 애써도 아이들은 어른들의 감정을 정확히 꿰뚫어 보기 때문이다.

토요일 아침, 샘의 엄마는 직장에서 힘든 한 주를 보내고 난 후 집안을 정

리하느라 분주하게 움직이고 있었다. 엄마가 소파의 쿠션을 짜증스럽게 집어 던지고 있다는 사실을 눈치 챈 아홉 살 난 아들 샘이 엄마에게 물었다.

"엄마, 나 때문에 화났어?"

그 순간 깜짝 놀란 엄마는 동작을 멈추고 마음을 추스른 후 이렇게 말했다.

"아니야. 너 때문에 그런 건 절대로 아니야."

잠시 후 샘은 밖으로 놀러 나갔지만 그래도 마음이 혼란스럽고 불안했다. 샘의 엄마는 더 솔직하게 말할 수 있었을 것이다.

"그래, 엄마 화났어. 장난감을 거실에 팽개쳐 두지 말았으면 좋겠어. 안 그 래도 청소하기가 힘든데 청소하기 전에 네 물건을 먼저 다 치워야 하잖니. 엄 마를 도와서 여기 있는 물건 좀 치워줄래?"

이런 식으로 솔직했다면 샘은 엄마가 화가 났다고 생각한 자신의 판단이 맞았다는 것을 알 수 있었을 것이다. 또한, 엄마가 자신에게 원하는 것이 무엇인지도 명확하게 깨달았을 것이다. 아이들은 엄마 아빠가 상대방에게 화를 낼 수도 있지만, 그러면서 의견 차이를 좁 힐 수 있다는 사실을 배울 필요가 있다.

어느 날 밤 자정 무렵 일곱 살인 칼리는 엄마 아빠가 다투는 소리를 듣고 잠에서 깼다. 칼리는 겁에 질려 이불을 뒤집어쓰고 있다가 다시 잠이 들었다. 다음 날 아침, 칼리가 지난밤 엄마 아빠가 싸우는 소리를 들었다는 사실을 눈치 챈 아빠는 칼리에게 이렇게 설명해 줬다.

"어젯밤에 엄마 아빠가 생활비에 대해 상의하다가 서로 의견이 맞지 않아서 말다툼을 좀 했단다. 시끄러워서 잠을 못 잔 건 아니니? 그랬다면 정말 미안해."

칼리에게는 엄마 아빠가 싸운 건 사실이지만 이제 모든 게 잘 해결됐다는 사실을 확인하는 것이 대단히 중요하다. 아빠는 나아가 그 상황에 대해 좀 더 설명해줄 수도 있을 것이다. "엄마랑 아빠가 의견이 달랐지만, 지금은 해결 방법을 찾았어. 만약 이 방법이 효과가 없으면 그땐 우린 또 다른 방법을 찾아볼 거야."

이런 식으로 다정하게 안심시켜 준다면, 칼리는 누구든지 때때로 화를 내고 싸울 수도 있지만 그건 서로 사랑하지 않아서가 아니라는 사실을 이해할 수 있을 것이다. 칼리는 또한 모든 결정이 쉽게 이뤄지는 것이 아니며 의견이 맞지 않기도 하고 모든 문제가 한 번의 시도로 해결되는 것은 아니란 사실 또한 배울 수 있을 것이다.

때때로 흐리고 맑음

분노를 더 창의적이고 건설적으로 다스릴수록 적개심이 싸움으로 발전할 확률은 줄어든다. 싸움은 더 큰 싸움을 불러올 뿐이다. 친척이나 친구 또는 낯선 사람들보다는 사랑하는 가족에게 화를 내는 경우가 더 많다는 사실은 아이러니다. 그러므로 이런 감정이 일어날 때는 감정이 격해져서 걷잡을 수 없는 상황으로 치닫기 전에 자제하고 조절하는 것이 중요하다. 극도로 화가 난 상태보다는 짜증스러울 때 감정을 다스리기가 훨씬 더 쉽다.

우리가 자녀에게 반드시 완벽한 역할 모델이 될 필요는 없다. 이 사실을 인식하는 것은 매우 중요하다. 살아가면서 어쩔 수 없이 화가 폭발할 수가 있다. 그럴 때 실수를 인정하고 잘못된 행동에 대해 사과한다면 자녀는 엄마 아빠도 자신들의 감정을 조절하기 위해 계속 노력하고 배워 나가고 있다는 사실을 깨닫게 될 것이다.

분노의 감정은 맞서 싸워야 할 적이 아니라, 창의적으로 바꿀 수 있는 에너지라는 사실을 자녀들에게 보여주는 것도 대단히 중요하다. 우리가 그 에너지를 어떻게 조절하고 이끌어 나가는가 하는 것은 자신뿐 아니라 가족 모두의 정신건강과 행복을 위해서 매우 중요하다. 결국, 일상에서 보여주는 행동들이 자녀가 성장해 자신의 미래의 가족, 즉 자손에게 물려줄 가정환경을 만들 것이기 때문이다.

두려움 속에서 자라는 아이들은
불안감을 배운다

If children live with fear,
they learn to be apprehensive.

아이들은 무서운 상상을 하며 노는 것을 좋아한다. 귀신놀이를 즐겨 하고 무서운 이야기나 공포영화를 보며 짜릿함을 느낀다. 그러나 생활 속에서 실제적인 공포를 안고 사는 것은 이것과는 전혀 다른 이야기다. 신체적인 폭력이나 정신적인 학대 또는 버림받을 것에 대한 두려움, 아니면 질병에 걸리거나 동네 불량배를 만나는 일, 또는 침대 밑에 괴물이 살 것이라는 상상력에 의한 막연한 공포 등 실제 생활에서의 두려움은 이야기 속의 두려움과는 질적으로 다르다.

매일같이 두려움을 안고 사는 아이들은 자신감과 기본적인 안정감이 파괴된다. 두려움은 아이가 성장하고 배우는 데 필요한 따뜻한 환경을 훼손시키고, 아이의 마음속에 평생 지워지지 않을 불안감을 심어준다. 그리고 그런 불안감은 아이가 앞으로 다른 사람들과 관계를 맺고 새로운 상황에 직면할 때 심각한 장애요인으로 작용한다.

한밤중에 맞닥뜨리는 공포

아이들이 생활 속에서 실제로 공포를 느끼는 것의 대부분이 생각지도 못한 의외의 것인 경우가 많다. 아이들은 어른들이 대수롭지 않게 지나치는 이웃집 개, 죽은 가지가 늘어져 있는 오래된 단풍나무 따위 등에도 겁에 질린다. 또 어른들이 무심코 뱉은 말 한마디에도 잠을 설칠 정도로 심한 두려움에 사로잡히기도 한다.

어떤 이유이든 상관없이 자녀가 두려움에 떨고 있다면 그 상황을 진지하게 받아들여야 한다. 두려움은 그것을 느끼는 사람의 생각에 달려 있다. 그러므로 우리는 아이의 눈과 마음을 통해 세상을 봐야 한다.

"바보 같은 소리 하지 마.", "그건 아무것도 아냐.", "나잇값을 해라.", "여자애처럼 굴지 마." 같은 말들은 아이가 자신의 두려움을 내면 깊숙이 숨긴 채 공포심을 점점 더 키우게 만든다. 내가 지도하고 있는 자녀교육 프로그램 참가자들은 종종 이런 질문을 한다.

"아이가 정말 무서운 건지, 그저 관심을 끌려고 무서운 척하는 건지 어떻게 구분할 수 있나요?" 내 대답은 굳이 그것을 구분하려고 하지 말라는 것이다. 부모는 아이들의 감정적인 요구에 조종당하고 있는 건 아닐까 지나치게 신경 써서는 안 된다. 아이에게 부모의 관심이 필요한 것은 음식이나 잠자리가 필요한 것만큼이나 지극히 당연한 것이다. 그리고 때때로 아이들은 겁에 질린 동시에 관심을 받고 싶어 한다.

세 살 난 아담의 가족은 최근 새 집으로 이사했다. 아담은 처음으로 유치원에 다니기 시작했고 여동생도 태어났다. 모든 것이 아담의 부모에게는 행복한 변화였지만 아담에게는 익숙했던 생활이 끝나는 것이었다. 아담은 모든 게 뒤바뀌었다고 느꼈다. 어느 날 밤 엄마가 외출하고 없을 때 아담이 아빠에게 가서 평소 하지 않던 부탁을 했다.

"아빠, 나 무서워. 나를 지켜 줘."

아담은 울먹였다. 아담의 아빠는 이렇게 말했을 수도 있었다.

"지켜 달라고? 무엇으로부터 지켜 달란 말이니? 이제 오빠가 됐잖아. 무서워해서는 안 돼."

그러고 나서 아담을 혼자 침대로 돌려보냈을 수도 있다. 하지만 아빠는 아담의 마음을 이해했다.

"너를 지켜 달라고? 물론이지. 걱정하지 마. 아빠한테 바짝 붙어서 누워. 아빠랑 같이 있으니 무섭지 않지?"

아빠의 이해심 있는 대답과 스킨십이 아담이 겪고 있는 힘겨운 순간을 헤쳐 나오는 데 필요한 안도감을 줬다. 아담보다 더 나이 많

두려움 속에서 자라는 아이들은 불안감을 배운다

은 아이일지라도 부모는 아이의 두려움을 마법처럼 사라지게 만들 수 있다.

각각 여섯 살, 여덟 살인 두 형제는 다락방에 있는 유령을 상상하며 겁을 먹곤 했다. 아이들의 엄마는 이럴 경우를 대비해서 옷장에 낡은 빗자루를 보관해 두고 있었다. 아이들이 겁에 질린 눈을 동그랗게 뜨고 울면서 엄마 방으로 달려올 때면 그녀는 침착하게 옷장에서 그 낡은 빗자루를 꺼내 들고 그것이 무시무시한 무기라도 되는 듯이 온 집안을 뛰어다니며 있는 힘껏 고래고래 고함을 질러 댔다. 아이들은 그녀의 뒤를 쫓아 함께 뛰어다니며 엄마가 집안에서 무시무시한 유령을 모두 쫓아내고 있다는 확신을 갖게 되었고 안정을 되찾아 깔깔거리며 웃었다.

마법이 효과가 없을 때

가족이 실제 위기 상황에 놓여 있을 때는 귀신을 쫓느라 빗자루를 휘두르는 엄마도, 아빠의 따뜻한 포옹도 아이들의 두려움과 슬픔을 쫓을 수 없을 것이다. 아이들에게 가장 고통스러운 시기는 가족구성원 중 누군가가 떠나거나 매일 똑같이 반복되던 생활이 갑자기 바뀔 때다.

정도의 차이는 있지만, 아이들은 어느 정도 일관성 있는 가정생활의 일상적인 리듬에 의존한다. 그래서 그 리듬이 깨지는 위기 상황이 발생하면 마치 자기들의 세계가 산산조각이 나는 것처럼 느끼게 된다.

부모의 죽음 외에 아이들에게 두려운 사건은 부모의 이혼이다. 정말 부모가 이혼을 하든 그렇지 않든 간에 많은 아이들이 부모의 이혼에 대한 두려움을 안고 산다. 엄마 아빠가 불평하는 말을 할 때 이 두려움은 더 커지고 아이의 내면에 불안감이 생긴다. 부모의 이혼에 대한 두려움에는 자신이 버려질지도 모른다는 걱정이 깔려 있다. 부모 중 한 명이 집을 떠날 때 자신도 버리고 떠난다고 생각한다.

부모가 이혼하는 과정에서, 아이들은 자신들의 세계가 무너지는 느낌을 받게 된다. 이혼하는 부모는 당사자들끼리 아무리 화가 치밀고 배신감을 느끼고 죽이고 싶을 만큼 밉더라도 자녀를 생각해서 행동을 자제해야 한다.

자녀들은 어쩔 수 없이 그 소란의 한가운데에 끼어 있을 수밖에 없다. 그러므로 이혼을 하는 과정에서라도 아이들 앞에서는 휴전을 선언할지 말지는 부모에게 달려 있다. 이것은 말은 쉽지만 실천하기는 어렵다. 특히 이혼 당사자들이 화가 나서 다투고 있을 때는 더욱 그렇다.

그러나 이럴 때일수록 엄마 아빠는 변함없이 부모로 남을 것이며 앞으로도 계속 두 사람이 함께 자녀를 돌봐줄 것이라는 사실을 아이들에게 확인시켜주고 안심시켜 줘야 한다. 비록 그 위기가 정확히 어떤 의미를 가지고 있는지를 정확히 이해하지는 못할지라도 아이들은 가정에서 일어나는 모든 위기를 아주 민감하게 알아챈다.

자녀들에 대한 두려움

아이들은 대개 우리가 알지도 못하는 사이에 부모의 걱정들을 그대로 받아들인다. 우리는 " ~할까 봐 두려워." 또는 "아마 그건 ~게 안 될 거야." 아니면 "나는 ~할까 봐 걱정이야." 같은 표현을 얼마나 자주 쓰고 있는지 한번 생각해볼 필요가 있다. 만약 아이들이 이런 두려움과 근심에 찬 말을 자주 듣고 자란다면 대부분 마음 깊은 곳에 불안감과 두려움이 생겨날 것이다.

부정적인 예상이 반복되면 자연스럽게 부정적인 사고방식이 자리 잡게 된다. 그리고 부정적인 사고방식은 아주 빠르게 악순환의 고리를 형성하기 쉽다. 우리는 자녀에게 위험에 대해 불필요한 불안감을 심어주지 않으면서 동시에 경각심을 불러일으키고 위험으로부터 보호할 방법을 찾아야 하는 딜레마에 직면해 있다.

예를 들어, 아이들이 낯선 사람을 경계하기를 바라지만, 모르는 사람이라고 해서 모두 위험하거나 자기를 해치려는 사람이라고 생각하길 바라는 것은 아니다. 아이가 항상 우리가 볼 수 있는 곳에 머물러 있기를 바라지만 그렇다고 우리가 옆에 없을 때 불안해하거나 두려워하기를 원하지는 않는다.

아이에게 자신감을 키워 주면서 동시에 아이들을 위험으로부터 지킬 수 있도록 최선을 다하는 것은 매우 어려운 숙제다. 이런 딜레마에는 손쉬운 해결책이 따로 없다. 그러므로 부모는 자녀의 질문에 어떻게 대답할 것인지, 또 자녀들에게 연령대별로 얼마만큼 자율권을 줄 것인지에 대해 각자 판단해야만 한다.

네 살인 엘리슨이 엄마에게 공원에 가도 좋은지 물었다. 엘리슨의 엄마는 그곳에 낯선 사람이 있을지도 모른다고 생각하고 이렇게 대답했다.

"그래, 엘리슨. 하지만 엄마도 함께 가서 너를 지켜봐 줄게."

부모로서 느끼는 또 다른 두려움은 우리가 그 나이 때 겪었던 괴로움을 자녀들도 겪게 되지 않을까 하는 것이다. 자녀와 자신을 지나치게 동일시하면, 우리는 적절하지 못한 행동을 할 수도 있다.

칼의 아빠는 티볼(T-ball: 야구형 스포츠의 흥미를 그대로 살리면서 남녀노소 누구나 즐길 수 있도록 고안한 스포츠로, 투수 없이 배팅 티에 공을 얹어놓고 치고 달리는 방법으로 진행된다.-옮긴이 주)에 거의 병적일 정도로 열광하고 집착해서 모든 사람을 짜증나게 했다. 그의 부인과 코치, 그리고 일곱 살 난 아들마저 모두 아빠의 강박에 골머리를 앓았다. 칼의 아빠는 내게 자신의 걱정을 이렇게 털어놓았다.

"제가 칼만 한 나이였을 때 운동을 그다지 잘하지 못했어요. 게임을 하려고 편을 나눌 때 늘 마지막까지 남아 있던 일이 아직도 기억나요. 죽고 싶었죠. 칼도 그런 일을 겪을까 봐 겁나요."

칼은 아빠의 불운한 기억이라는 짐을 벗고 스스로의 운동 능력을 탐색해볼 필요가 있다. 한마디로 칼의 아빠는 뒤로 물러서서 아들이 자신만의 경험을 할 수 있는 기회를 줘야 한다. 아이들이 우리와 다르다는 사실과, 자신만의 아픔으로 괴로워할 필요가 있다는 것을 명심해야 한다.

일상의 두려움

아이들은 어른들과 다른 세계에 산다. 그리고 자신들의 세계에서 어떤 일이 일어나고 있는지 어른들에게 모두 다 말해주지는 않는다. 예를 들어 많은 어린이들이 학교나 이웃의 다른 아이들 혹은 집의 형제자매에게 괴롭힘을 당한다. 아이들은 왕따를 당하거나 욕을 먹거나 놀림을 당할 수도 있다. 더 어린 아이들은 자기들이 느끼는 두려움과 상처를 표현하는 방법을 모를 수도 있다. 그리고 좀 더 큰 아이들은 스스로 문제를 해결해야 한다고 생각할 수도 있다. 그러므로 따로 시간을 내, 자녀가 다른 아이들과 어떻게 지내고 있는지 물어볼 필요가 있다.

엄마는 별 생각 없이 다섯 살 난 아들 앤드류에게 물었다.

"오늘 유치원에서 무슨 일이 있었니?" (이런 표현은 "오늘 유치원에서 어땠니?"라는 질문보다 더 구체적인 대답을 유도하기 때문에 더 많은 정보를 얻을 수 있다.)

"조이가 내 트럭을 빼앗았어. 내가 먼저 그 트럭을 가지고 놀고 있었는데."

"그래서 어떻게 했어?"

앤드류는 고개를 떨어뜨리며 웅얼거렸다.

"몰라. 아무 일도 없었어."

그 순간 엄마는 조이가 앤드류를 괴롭히고 있다는 사실을 알아차렸다. 그리고 앤드류가 조이의 심술궂은 행동에 잘 대처할 수 있도록 도우려고 했다.

"조이가 트럭을 빼앗아 가서 짜증났겠구나. 네가 어떻게 했으면 좋았을 거라고 생각해?"

엄마는 앤드류에게 물었다. 이것은 앤드류가 어려운 상황에 대처하는 방법을 생각해볼 기회를 줬다. 앤드류는 트럭을 다시 빼앗아 오는 것, 선생님께 이르는 것, 다른 장난감을 가지고 노는 것, 조이를 피하고 다른 아이들과 노는 것 등 여러 가지 방법을 이야기했다.

엄마는 앤드류에게 어떻게 해야 할지 방법을 가르쳐줄 필요가 없다. 단지 앤드류의 말에 귀 기울여 주고, 앤드류가 여러 해결 방안을 스스로 찾아내도록 유도하기만 하면 된다. 또 이런 질문도 도움이 된다. "너는 이 일이 어떤 식으로 해결되면 좋겠니?" 앤드류는 이렇게 대답할 수 있다. "나는 내가 트럭을 가지고 놀았으면 좋겠어." 아이가 일단 자기가 원하는 것이 뭔지 분명하게 알게 되면 거기서부터 건설적인 계획을 발전시켜 나갈 수 있다. "내일 아침에는 내가 먼저 트럭을 차지할 거야. 그리고 만약 조이가 뺏으려고 하면 내가 '안 돼!'하고 말할 거야."

어린아이들은 대부분 새로운 상황에 맞닥뜨리는 것을 두려워한다. 처음 학교에 가는 것, 처음 치과에 가는 것, 비행기를 처음 타보는 것은 아이에게는 숨이 막히는 경험이 될 수 있다. 우리는 아이들에게 아낌없는 지원과 격려를 보냄으로써 아이들이 이렇게 낯설고 어리둥절한 상황을 무사히 통과할 수 있도록 도와줄 수 있다.

자녀에게 신뢰감을 표현하는 것은 아이들이 자신감을 갖게 하는 데 매우 효과적이다. "다음에 넌 잘할 거야. 엄마는 네가 잘 해낼 거라는 걸 알아."라고 말한 다음 아이의 표정과 태도가 어떻게 바뀌는지 한번 살펴보라.

어린 아이들은 처음 맞닥뜨리는 경험들에 대해서 좀 더 주의를 기울여 준비를 해야 한다. 예를 들어, 유치원에 입학하기 전에 교실을 미리 구경해보는 것과 같은 준비 말이다.

샌디의 엄마는 샌디와 함께 유치원을 둘러보고 나서 이렇게 물었다.
"유치원에 가면 제일 먼저 뭘 하고 싶어?"
"물고기한테 밥 주는 거."
샌디는 주저 없이 말했다. 벌써 유치원에 다니는 자신의 모습을 상상하면서 큰 걸음을 한 발짝 뗀 것이다.

어떤 아이들에게는 텔레비전이 공포의 근원이 되기도 한다. 텔레비전에서는 매일 뉴스, 영화, 광고, 드라마 등을 통해 끝없이 폭력

장면을 쏟아낸다. 어린아이들은 현실과 픽션을 구분하기 힘들기 때문에 현실과 픽션 모두로부터 보호받아야 한다. 좀 더 큰 아이들 중에는 텔레비전의 폭력적인 장면을 아무렇지 않게 받아들이는 경우도 있지만, 큰 충격을 받고 그 장면이 머릿속에서 떠나지 않아 괴로워하는 아이들도 있다. 우리는 아이들의 개별 수준에 맞춰 프로그램을 시청하도록 도와야 한다.

누구나 두려움을 느낀다

우리는 아이들을 위해 강해지고 싶어 한다. 아이에게 부모와 함께 있다면 아무 걱정 없이 안전하다고 느끼게 해주고 싶다. 그러나 우리 역시 《오즈의 마법사》에 나오는 겁쟁이 사자처럼 느껴지는 순간이 있다는 것을 아이들에게 솔직하게 이야기해야 한다.

우리는 단지 두려움을 극복해 나가는 방법과 태도가 아이들과 다를 뿐이다. 그러므로 우리가 두려워하는 모습을 자녀에게 보이면 아이들은 엄마 아빠도 역시 인간이라는 것과, 인간은 불완전한 존재이며 누구나 도움이나 위안이 필요하다는 사실을 깨달을 것이다. 우리를 꼭 껴안고 등을 어루만지는 아이의 작은 손길을 느낄 때 우리는 놀랄 정도로 큰 위안을 받을 수 있다.

여덟 살인 피비는 엄마가 병원에 가야 하는 일 때문에 몹시 고민하고 있다는 것을 알게 됐다. 피비는 자세한 내용은 몰랐고 또 그것은 피비가 이해하기엔 너무 어려운 일이었다. 그런데 그날 아침 엄마가 학교에 가는 피비를 안아주면서 인사를 할 때 피비는 오히려 엄마를 꼬옥 안아 주면서 등을 토닥거렸다. 아이의 포옹이 여느 때와 다르다는 것을 안 엄마는 깜짝 놀란 표정으로 피비를 쳐다보며 말했다.

"고맙다, 피비야. 네가 엄마를 이렇게 안아주니까 걱정하던 마음이 다 사라져 버렸어. 정말 고마워."

아이들은 우리가 두려움에 어떻게 대처하는지를 관찰하면서 두려움에 대처하는 법을 배운다. 도움이 필요할 때 배우자, 친구, 가족에게서 위안과 도움을 구하는 모습을 아이들에게도 보여주자. 그리고 그에 대한 보답을 어떻게 하는지 보여주자. 우리가 힘든 문제에 부딪쳤을 때 감정을 솔직하게 드러내고 창의적인 해결책을 찾아내는 모습은 아이들이 난관에 부딪쳤을 때 따를 수 있는 좋은 본보기가 된다.

동정을 받으며 자라는 아이들은
자기연민을 배운다

If children live with pity,
they learn to feel sorry for themselves.

자기연민을 느끼는 것은 늪에 빠지는 것과 비슷하다. 이럴 때 우리는 그 상황에 완전히 짓눌리고 당황해서 허우적대다가 결국 무력감에 빠져 자포자기하게 된다. 만약 당신이 자기연민에 빠져 있거나 자녀들을 불쌍하게 느낀다면 아이들에게 자기연민에 빠져도 상관없다고 가르쳐 주는 것이다. 이런 식으로는 아이들에게 진취성과 인내심 그리고 열정을 가르쳐줄 수 없다. 자기연민에 빠져들면 모든 일에 의욕을 상실하고 자신을 하찮은 존재로 인식하게 된다.

우리는 자녀들이 슬기롭고 각자 자신들이 필요한 역량을 계발하고 필요할 때는 다른 사람들에게 기꺼이 도움을 청할 수 있는 사람이 되길 바란다. 아이들에게 모범을 보여주기 위해서는 생활 속에서 그런 모습을 보여줘야 한다. 언제나 변함없이 완벽하게 그런 모습을 보여줄 수는 없다. 하지만 아이들이 도전해야 할 힘든 일을 만났을 때 자기 내면의 힘을 이끌어내는 법을 배우기에 충분할 만큼은 본보기를 보여주도록 노력해야 한다. 또한 자녀들에게 믿음을 가져야 한다. 아이들이 자신의 삶에 어려움이 닥칠 때마다 이를 극복해낼 거라고 믿어야 한다.

상황을 바꾸려고 노력하자

인간은 누구나 자기연민에 빠지는 순간이 있다. 남들에게 인정받지 못하고 삶의 모든 것이 잘못 돌아가고 있는 것처럼 느껴질 때가 있다. 그렇게 되면 시야가 편협해지면서 '불쌍한 내 신세'라는 생각을 뒷받침해주는 정보만 받아들이게 된다. 그 결과 자기연민과 무력감이라는 악순환을 반복하면서 고통에 시달리게 된다.

만약 자신이 그런 상황이라면 문제에 대해 생각하는 것을 멈추고 뭔가 새로운 일을 시도해보는 것이 좋다. 나는 부모들에게 자전거를 타거나 가벼운 산책 또는 좋아하는 곳으로 여행가는 것을 상상해 보라고 권한다. 내 수업을 듣는 케이트는 그 방법 중 어느것이 가장 효과적이었는지 말해줬다.

"세 아이를 돌보느라 완전히 진이 빠졌고 남편은 늘 일에 바빠 기진맥진해진 몸으로 집에 돌아오곤 했죠. 저는 그런 생활이 반복된다는 사실에 화가나고 우울했어요. 하지만 계속해서 그런 기분에 빠져 있는 것도 싫었죠. 그래서 수업시간에 얘기를 나눈 것처럼 상상력을 동원해 보기로 했죠.

제일 먼저 머릿속에 떠오른 생각은 저에겐 칭찬이 필요하다는 것이었어요. 그래서 '케이트 최고!'라고 외치며 박수치고 환호하는 군중이 가득 찬 스타디움에 서 있는 제 모습을 상상해 봤죠. 그러고 나서 저도 모르게 박수를 치기 시작했어요. 어릴 때 리듬에 맞춰 놀던 것이 떠올랐어요. '둘, 넷, 여섯, 여덟, 누가 최고지? 케이트가 최고!'

저는 주방 벽에 대고 소리를 질렀어요. 저는 남편과 더 가까워질 필요가 있고 아이들이 제가 해주는 일에 고마워하길 바랐어요. 관심을 받고 싶었던 거예요. 그래서 식구들이 가장 좋아하는 디저트를 만들어 싱크대 위에 올려놓고 '케이트가 최고라는 말에 동의하는 사람은 저를 꼭 안아주세요.'라고 쓴 메모를 놓아뒀어요.

말할 필요도 없이 저는 간절히 필요했던 가족의 따뜻한 포옹을 받았지요. 그리고 그 다음 주말에 아이들을 이모님께 맡기고 남편과 둘만의 시간을 보내려고 계획을 세웠어요. 이 일로 제 인생이 바뀌었다고 생각하는 것은 아니지만 신세타령만 하는 일상에서 헤어나올 수 있었답니다."

케이트는 기발한 아이디어를 실천에 옮겼고 자신의 고민을 해결한 동시에 아이들에게도 문제를 슬기롭게 해결하는 방법을 알려 준 셈이다. 게다가 그녀는 남편과 오붓한 시간도 가질 수 있었다. 남편과 아내가 서로에게 감사하고 서로를 소중히 여길수록 행복한 가정이 된다.

넌 얼마나 운이 좋은지 몰라

'아이고 내 팔자야.'라는 한탄에 빠져 있는 부모들이 가장 흔하게 보이는 행동 중 하나는 자녀들의 생활을 자기의 어린 시절과 비교하는 것이다.

열한 살인 주디스의 엄마는 자신이 주디스만 했을 때 자신의 생활이 어땠는지에서부터 시작해, 이렇게 많은 것을 누리고 있는 주디스가 얼마나 운이 좋은지, 그리고 주디스를 위해서 자신이 얼마나 힘들게 일하는지를 주디스가 알지 못한다고 생각했다. 이런 대화는 항상 주디스가 도망갈 곳도 없는, 달리는 차 안에서 이뤄진다. 주디스의 엄마는 이런 말로 시작한다.

"요새 애들은 뭐든지 당연한 줄 알아. 백 달러씩이나 하는 운동화를 사주는 것도 당연한 줄 안다니까."

주디스는 그저 "응."하고 웅얼거리며 자동차 시트에 파묻히기라도 할 듯 몸을 낮춘다. 그러나 엄마에겐 이게 시작일 뿐이다.

"넌 모르겠지만 엄마가 너만 했을 땐 일주일에 세 번 그리고 토요일 오후까지 베이비 시터를 했어. 친구들이랑 놀러다니는 건 상상도 못했지."

이쯤 되면 주디스는 한숨을 쉬어 보지만 인내심을 유지하기 힘들어진다.

"엄마, 난 친구들하고 매일 놀러다니지 않아. 그리고 숙제도 정말 많아."

잠시 침묵이 흐르고 주디스가 덧붙인다.

"아마 엄마가 했던 것보다 훨씬 많을 거야."

동정을 받으며 자라는 아이들은 자기연민을 배운다

이 상황은 결국 모녀지간에 누가 더 동정 받을 권리가 있는지를 따지는 것처럼 돼버렸다. 엄마는 이런 식의 겨루기를 시작하길 원하지 않았고 자기연민의 마음을 표현하려고 한 것도 아니었다. 그녀의 의도는 다만 주디스에게 자신이 가진 것에 대해서 좀 더 감사하고 소중히 여겨야 한다는 것을 가르쳐 주는 것이었다. 하지만 그녀의 말에 담긴 뜻은 마치 "네가 가진 모든 혜택을 나는 가지지 못했기 때문에 화가 나."라는 말처럼 들렸다. 그리고 "너는 내게 빚을 지고 있어."라는 말로 들릴 수도 있다.

인정받고 감사받고 싶은 욕구를 직접적으로 표현하는 것은 잘못된 일이 아니다. 학교에서 돌아오는 길에 주디스의 엄마는 이렇게 말할 수도 있었다. "너를 위해 내가 운전을 해줄 수 있어서 기쁘다. 네가 감사해한다면 더더욱 기쁜 일이고." 감사와 인정을 받고 싶다는 명확한 요구를 하기 위해서 자기연민에 빠질 필요는 전혀 없다. 물론 우리는 아이들이 어떤 반응을 보일지 알 수 없다. 하지만 우리가 전하는 메시지가 명확하고 직접적이며 '비참한 과거의 기억'에서 벗어난다면 우리가 원하는 반응을 얻게 될 가능성이 더 높다.

한편, 아이들은 부모의 관심과 위로를 받기 위해 자신을 측은하게 만들어 동정심을 불러일으키는 데 뛰어난 재주를 가진 선수다.

"나, 배가 아파."

네 살 난 트레이시는 자기를 유치원에 보낼 채비를 하는 엄마에게 칭얼거렸다. 그리고 배를 움켜쥐고 유치원에 가기 싫다고 말했다. 이런 딜레마를 피하기는 쉽지 않다. 트레이시는 진짜로 아픈 걸까? 유치원에 보내지 말고 집에서 쉬게 해야 할까? 소아과에 가봐야 하나? 아니면 유치원에서 하기 싫은 일이 있거나 피하고 싶은 사람이 있는 걸까? 엄마 아빠의 관심을 더 받고 싶은 걸까?

트레이시의 엄마는 이때 신중한 판단을 내려야 한다. 하지만 무엇보다 중요한 것은, 트레이시가 자신이 원하는 것을 얻기 위해 불쌍한 척하는 것이 도움이 된다고 생각하게 만들어서는 안 된다는 것이다.

만약 트레이시가 유치원에 가기 싫어서 꾀병을 부리는 것이라 판단되면 트레이시에게 이런 질문을 던져볼 수 있다. "오늘 유치원에 간다면 무슨 나쁜 일이 생길까?", "오늘 유치원에 안 가면 뭘 하고 싶어?" 이런 질문들에 대답하는 것은 트레이시가 더욱 불쌍해 보이려 하지 않도록 하면서 자기가 진정으로 필요하고 원하는 것이 무엇인지를 생각해 보도록 도와준다.

또한 엄마에게 트레이시의 생활을 좀 더 들여다볼 수 있는 기회를 제공한다. 때때로 아이들은 부모의 관심을 더 받고 싶을 때 아픈 척을 한다. 그럴 때는 우리가 최근 아이를 재촉만 하거나 다른 일에 정신이 팔려 있었던 건 아닌지 돌이켜볼 필요가 있다. 어쩌면 조금 더 여유를 가지고, 하던 일을 멈추고 아이들과 좀 더 많은 시간을 나눠야 할지도 모른다.

아이들이 자기연민에 빠져드는 다른 방법은 "나는 못해."라고 말하는 것이다. 이것은 새로운 기술을 배우는 것을 방해하는 최고의 변명이다. 아이는 부모에게 "엄마 아빠가 원하는 일을 내가 할 거라고 기대해선 안 돼요. 난 정말 할 수 없어요."라고 말하고 있는 것이다. 어쨌든 아이가 정말로 말하고 싶어 하는 것은 "하기 싫어." 또는 더 강력하게 "난 안 할 거야."라는 것일 수도 있다.

만약 우리가 아이들의 이런 전략에 넘어가면 자신이 능력이 없다고 단정 짓는 아이의 판단에 동의하는 셈이 된다. 설사 어려울지도 모르지만 아이들의 도전의식을 북돋아 줘야만 하는 때가 있다. 변명을 무시하고 자녀에 대한 우리의 긍정적인 기대를 유지해야 한다. 동시에 우리는 아이들이 자신의 불안감을 인정하고 정확히 파악할 수 있도록 도와주려고 최선을 다해야 한다.

여덟 살인 벤은 수학 숙제를 하다가 문제가 너무 어려워 좌절감을 느끼고 있었다.

"이 숙제는 못하겠어. 나한텐 너무 어려워."

벤이 징징거리며 말했다. 벤의 아빠는 이런 벤의 좌절감을 진지하게 받아들였다. 하지만 측은한 마음을 접고 끝까지 노력해 보라고 격려했다.

"작년에 수학 때문에 애먹었던 거 기억나? 선생님에게 '좀 더 도와주세요.' 하고 부탁했었지? 그리고 아빠랑 같이 문제를 풀어봤잖아. 결국 문제를 풀 수 있었지? 지금도 문제를 풀 수 있을 거야. 다시 한번 찬찬히 보자."

아이들이 낙담하고 있을 때는 측은한 마음을 표현하고 싶은 충동에 빠지기 쉽다. 하지만 그것은 결국 아이들이 인내라는 품성을 배워야 할 때 자기연민에 빠져들도록 부추기는 결과를 낳는다. 만약 벤의 아빠가 "알았어, 벤. 어렵다는 거 알아. 오늘밤은 그만하고 쉬는 게 어떠니?"라고 말했다면 벤은 자기가 정말로 수학을 못한다고 생각하게 됐을지 모른다.

우리는 아이들이 모든 분야에 자신들의 가능성을 활짝 열어놓을 수 있도록 격려해야 한다. 아이를 도와줘야 할지 말아야 할지 옳은 판단을 하는 일은 매우 어렵다. 아이들은 자신감을 키우기 위해 자기 혼자의 힘으로 과제를 완수해야 한다.

그러나 도와주지 않는 것이 아이에게 상처가 될 수도 있다. 아이가 도움이 필요해 보일 때는 아이가 스스로 할 수 있다고 용기를 북돋아주는 방법으로 도움을 줘야 한다. 부모로서 언제 어떻게 도움을 줄지, 도와줘야 할지 아니면 지켜봐야 할지는 상황에 따라 신중하게 생각한 후에 결정해야 한다. 아이들이 자라면서 필요해지는 것과 아이들의 능력은 끊임없이 변한다. 세 살짜리에겐 도움이 되는 것이, 다섯 살짜리에겐 오히려 방해가 될 수도 있다. 우리는 도움을 줘야 할 때와 지켜봐야 할 때를 판단하는 법을 배우고 어떤 경우라도 아낌없는 격려를 보내야 한다.

최악의 순간들

동정심은 어떤 상황에서도 도움이 되지 않는다. 동정심이란 '일정한 거리'를 전제로 한 감정이기 때문이다. 이에 반해 공감은 '내가 상대방의 입장이라면 어떤 심정일까?'를 상상해 보는, 더 친밀한 감정이다. 이런 감정에는 연민이 포함돼 있으며 우리가 어떻게 도움을 줄 수 있을지를 자문해 보도록 이끌어준다. 비극적인 상황을 접하면 사람들 안에 잠재돼 있던 가장 선한 모습이 표출된다. 또한 불운한 사고를 당한 피해자들은 종종 놀라운 힘과 용기로 그런 불행을 딛고 일어선다.

열 살인 수는 말기 암 환자다. 수는 계속해서 5학년 교실과 암 병동을 오가며 지냈다. 길고 아름답던 금발머리도 모두 빠졌다. 수는 자기연민에 빠져 혼자 집에 틀어박혀 지낼 수도 있었지만 가족의 도움으로 최대한 보통 아이들처럼 지내려고 노력했다. 머리에 스카프를 두르고 계속 학교에 나갔고 숙제를 하고 친구들을 만났다. 수는 웃고 즐길 여력이 남아있을 때, 반 친구를 모두 집에 초대했다. 아이들은 멋진 시간을 보냈고 수도 즐거운 시간을 보냈다.

만약 수의 친구들이 수에 대한 동정심에 사로잡혀 있었다면 수와

술래잡기를 하며 재미있는 시간을 보낼 수 없었을 것이다. 아이들이 수의 병에 대해 몰랐던 것도 아니고 수를 측은히 여기는 마음이 부족했던 것도 아니다. 아이들은 수가 처한 상황에 대해 선생님과 이야기를 나눴고 수가 지금 어떤 감정일지를 이해해 보려고 애썼다. 이것이 수를 진심으로 대하고 함께 어울릴 수 있게 했다.

동정이 아닌 해결책

열 살인 제니스는 엄마가 앉아 있는 거실 소파 옆자리에 앉으며 투덜댔다.

"멜리사의 파티에 나만 초대받지 못했어."

엄마는 어떻게 대화를 이끌어 나갈지 고민하면서 제니스의 축 처진 어깨를 감싸 안으며 물었다.

"너만 초대받지 못한 거야?"

"음……. 파티에 안 가는 애들이 몇 명 더 있기는 해."

제니스는 마지못해 인정했다.

"그럼 그날 밤에 뭘 하면서 보낼 거니?"

엄마가 물었다.

"집에서 심심하게 보내는 거지, 뭐."

제니스는 짐짓 심각하게 대답했지만 곁눈으로 엄마가 뭐라고 할지 궁금해하며 바라봤다.

"그것도 한 방법이지."

엄마는 딸이 동정 받을 상황이라고 느끼지 않도록 노력하면서 말했다.

"파티에 가지 않는 애들이랑 우리집에 모여서 파티를 해도 돼?"

제니스가 물었다.

"그거 아주 괜찮은 생각인 것 같은데? 재미있겠다. 네가 좋아하는 초콜릿 케이크도 만들어 먹고 말이야."

이렇게 크고 작은 문제에 대해 아이들과 이야기하는 것은 아이가 더 긍정적이고 올바른 선택을 하도록 돕는 기회가 된다. 아이들이 어떻게 느끼는지 생각을 들어주고 가능한 해결책을 제시하거나 더 나은 방법으로 아이들 스스로 해결 방법을 찾을 수 있도록 이끌어 주면 아이들은 자기연민에서 빠져나와 자기확신을 가질 수 있다.

자녀들에게 내재된 힘에 대한 우리 믿음은 아이들 스스로 믿고 의지할 수 있는 확신을 가지는 데 큰 도움이 된다. 그것은 자녀를 맹목적으로 감싸고 동정하는 것보다 훨씬 더 중요한 일이다.

놀림을 받으며 자라는 아이들은
수치심을 배운다

If children live with ridicule,
they learn to feel shy.

누군가를 조롱하는 것은 아주 잔인한 행동이다. 상대방을 놀리고 나서 장난이었을 뿐이라고 말하는 것은 큰 잘못이다. "왜 그래, 그 냥 장난친 것뿐이잖아? 농담도 못 하니?"하며 조롱을 정당화하는 것은 오히려 놀림을 당한 당사자에게 책임을 전가하는 옳지 않은 태도다. 놀림을 당한 사람은 어떤 식으로든 마음이 상할 수밖에 없 기 때문이다. 놀림당하고 나서 항의하기라도 하면 오히려 더 심하 게 놀림을 당할지도 모른다. 그렇다고 해서 조롱을 그냥 받아들인 다면 자존심은 더 큰 상처를 입게 될 것이다.

놀림당하는 아이는 종종 자신을 놀리는 상대를 피해야 할지 항의 를 해야 할지 알지 못해 혼란스러워 한다. 이런 혼란은 자동차를 운 전할 때 브레이크와 액셀러레이터를 동시에 밟은 것처럼 불안하고 막막한 느낌이다. 이런 갈등에 빠지게 되면 아이는 어쩔 줄 몰라 망설이고 수줍음을 타며 새로운 시도를 주저하고 사람들의 주목을 끄는 일은 피하려고 한다. 이런 종류의 수줍음은 조용한 성품을 타고난 아이들의 수줍음과는 다른 것이다.

선천적으로 조용한 성품을 타고난 아이들은 낯선 환경에서 새로운 사람들과 익숙해지는 데 많은 시간이 걸리지만 우리는 그것을 그저 성향의 일부로 받아들일 필요가 있다. 하지만 놀림을 받지 않으려고 움츠리고 수줍어진 아이들은 도와줘야 한다. 아이들의 이야기에 귀 기울여, 어떤 일이 일어나고 있는지를 파악하고 아이들이 자기가 처한 상황을 잘 헤쳐나갈 수 있도록 도와줘야 한다.

농담인가? 조롱인가?

사실 조롱은 농담의 한 가지로 여겨질 수도 있다. 건강하고 순수한 농담과 웃음을 함께 나누는 것은 기분을 좋게 하고 긴장을 풀어줄 뿐 아니라 사람간의 우정을 두텁게 만든다. 그러나 누군가를 놀리는 것은 그 사람에 대한 비웃음을 포함한다. 이것은 누군가의 희생을 전제로 한다. 건강한 웃음과 조롱하는 비웃음의 차이는 아이들에게 어려운 개념이다. 특히 만화나 코미디, 영화 속에서 곤경에 빠진 사람을 보고 웃음을 터뜨리는 것 때문에 더욱 그렇다. 우리는 어릿광대가 걷다가 벽에 부딪치는 것을 보고 키득거린다.

자녀들에게 코미디와 실생활은 다르며 실생활에서는 다른 사람들이 다치거나 실수했을 때 그걸 보고 웃어넘기는 것이 아니라 도와 줘야 한다고 설명해줘야 한다. 그렇지 않으면 아이들은 곤경에 빠진 사람들을 보고 웃는 것이 왜 나쁜지를 이해하지 못할 수 있다.

운동신경이 그다지 뛰어나지 않은 스콧이 동네 야구 경기에서 타석에 나설 차례가 됐다. 상대팀에 속한 아이들은 마치 응원하듯이 스콧의 이름을 부르며 환호하기 시작했다. 리듬을 맞춰 환호하는 소리가 알 수 없는 긴장감을 만들었다. 처음에 스콧은 자기가 주목받고 있는 것에 기분이 좋았다. 하지만 연달아 두 번이나 헛스윙을 하고 나서야 아이들이 자기를 놀리고 있다는 사실을 깨달았다. 스콧은 당황스럽고 화가 나 헛스윙을 계속 해서 스트라이크 아웃을 당했다. 스콧의 팀이 수비하러 나가는 동안에도 놀림은 계속됐다. 스콧은 얼굴이 달아오르고 창피해서 쥐구멍에라도 들어가고 싶은 심정이었다.

스콧은 자신이 놀림당하고 있다는 사실을 바로 깨닫지 못했다. 스콧은 다른 아이들과 함께 즐겁게 노는 데 참여하고 싶었을 뿐이다. 다른 아이들이 자신을 놀려대고 있다는 것을 깨달았을 때 부끄럽고 당황스러운 마음이 상처로 새겨졌다. 이 놀림은 스콧이 바로 알아채기에는 너무 교묘했다. 그래서 스콧은 더욱 더 어리둥절하고 어떻게 반응해야 할지 혼란스러웠다.

만약 이런 식으로 비슷한 놀림을 계속 당한다면 스콧은 주눅이 들어서 야구 경기에 더 이상 참가하지 않을지 모른다. 어떤 아이들

긍정 육아

아이들은 생활 속에서 배운다

도로시 로 놀테(긍정 육아 저자)

야단을 맞으며 자라는 아이들은 비난하는 것을 배운다

적대적인 분위기에서 자라는 아이들은 싸우는 것을 배운다

두려움 속에서 자라는 아이들은 불안감을 배운다

동정을 받으며 자라는 아이들은 자기연민을 배운다

놀림을 받으며 자라는 아이들은 수치심을 배운다

질투 속에서 자라는 아이들은 시기심을 배운다

수치심을 느끼며 자라는 아이들은 죄책감을 배운다

격려를 받으며 자라는 아이들은 자신감을 배운다

관용 속에서 자라는 아이들은 인내심을 배운다

칭찬을 받으며 자라는 아이들은 남을 인정하는 것을 배운다

포용 속에서 자라는 아이들은 사랑을 배운다

허용적인 분위기 속에서 자라는 아이들은 자신을 사랑하는 법을 배운다

인정받으며 자라는 아이들은 목표를 갖는 것이 좋다는 것을 배운다

서로 나누면서 자라는 아이들은 관대함을 배운다

정직함 속에서 자라는 아이들은 진실함을 배운다

공정한 분위기 속에서 자라는 아이들은 정의를 배운다

친절과 배려 속에서 자라는 아이들은 남을 존중하는 법을 배운다

안정감을 느끼며 자라는 아이들은 자기 자신과 주변 사람에 대한 믿음을 배운다

친밀한 분위기 속에서 자라는 아이들은 이 세상이 살기 좋은 곳이라는 것을 배운다

ひ 중앙생활사

Children Learn
What They Live

| 아이가 성장하는 마법의 말 |

긍정 육아

도로시 로 놀테 · 레이첼 해리스 지음 | 김선아 옮김

★★★
전 세계
37개국
베스트셀러!

아이들은 생활 속에서 배운다

최고의 육아 전문가가 알려주는 인성교육의 비밀
《영혼을 위한 닭고기 수프》잭 캔필드 추천!

중앙생활사

아이들은 생활 속에서 배운다

Children Learn What They Live

중앙생활사

은 놀림받을지도 모른다는 생각만으로도 나서기를 두려워하며 점점 수줍어하고 부끄러워하는 성격이 되고 만다. 그리고 아이가 지나치게 수줍어 우물쭈물하게 되면 악순환이 시작될 수도 있다. 다른 아이들이 그 아이의 나약함을 감지하고 더 심하게 놀림거리로 삼을 수 있다.

아이들이 이런 일을 겪고 있다는 사실을 언제나 부모에게 털어놓을 수 있는 것은 아니다. 자신이 놀림의 대상이 되고 있다는 사실을 인정하는 것조차 수치스러워서 감추고 싶거나 당황스러워서 어쩔 줄 모를 수도 있다. 아니면 사실을 털어놓아 봤자 아무 도움이 되지 않을 거라고 느낄 수도 있다. 부모가 개입하면 대부분 상황이 더 나빠지기 때문에 이것은 사실이기도 하다. 하지만 부모는 자녀들이 그런 비웃음을 꿋꿋이 이겨낼 수 있는 자기 내면의 힘을 찾아내고 또 다른 친구들을 사귈 수 있도록 격려해야 한다.

한편, 우리는 자녀가 다른 아이들을 놀리고 괴롭히고 있다는 사실을 인정해야만 할 때도 있다. 내 자녀 또한 남을 괴롭힐 수 있다는 사실을 솔직하게 인정하는 것이 쉬운 일은 아니다. 이런 경우 단순하게 "그런 말 하지 마라." 또는 "그건 무례한 거야."라고 타이르는 것은 적절한 훈육이 아니다. 그 아이는 다음에 놀릴 때는 어른들이 듣지 못하게 좀 더 조심해야겠다고만 생각할 수도 있다.

대신에 "네가 만약에 그런 말을 들었다면 어떤 기분이 들지 생각해 봐."라거나 "네가 그렇게 놀려댈 때 그 아이의 얼굴이 어떤 표정이었는지 봤니? 걔 기분이 어땠을지 내가 다 걱정되는구나."라고 말하며 다른 사람의 감정을 이해하고 배려하도록 유도해야 한다. 자녀들에게 상대방의 입장이 되어 이해할 수 있는 동정심과 친절함을 가르쳐 줘야만 한다.

부모의 지지

다른 아이들이 당신의 자녀를 어떻게 대하는지에 대해서는 어찌해 볼 도리가 없겠지만 다른 방법으로 자녀를 도와줄 수는 있다. 아이가 갑자기 의기소침해지거나 평소와 달리 수줍어하거나 불안해하는 모습을 보인다면 아이가 놀림의 대상이 되고 있는 것은 아닌지 아이의 행동을 주의 깊게 살펴보고 상황을 파악해 봐야 한다.

만약 내 아이가 다른 아이들이 별명을 부르고 놀려대거나 괴롭히고 겁을 준다고 고백한다면 그 상황을 진지하게 받아들여야 한다. "괜찮아.", "그냥 잊어버려.", "걔네가 진심으로 그러는 건 아닐 거야."라는 식으로 말하는 것은 전혀 도움이 안 된다.

먼저 아이의 이야기를 들어주고 자신이 받은 상처와 감정의 혼란을 털어놓을 수 있도록 격려해야 한다. 만약 아이가 유치원에 다니거나 초등학교 저학년이라면 교사와 상담할 수도 있다. 하지만 상담의 목적은 다른 아이들을 탓하거나 자녀를 보호하기 위한 것이어서는 안 된다. 아이를 어떻게 도울 수 있을지 학부모와 교사가 함께 협력할 수 있는 계획을 세우는 것을 목표로 해야 한다.

우리 자신이 문제일 때

가끔은 생각 없이 자신이 다른 사람을 조롱거리로 만드는 경우가 있다. 지나가는 사람을 비난하는 말을 하거나 친구들을 놀리는 심술궂은 농담을 할 수도 있다. 그 대상이 낯선 사람이거나 지금 자리에 없는 사람이기에 우리는 그것이 잘못된 행동이라 생각하지 못할 수 있다. 만약 자녀들이 우리 모습을 본다면 다른 사람에 대해 나쁘게 말해도 괜찮다고 생각할 것이다.

내가 아는 한 엄마는 내게 이런 이야기를 들려줬다.

우리 동네에는 쇼핑센터 모퉁이에 서서 지나가는 차에 손을 흔드는 젊은 여자가 있어요. 그 여자는 언제나 웃고, 걸어다닐 때 노래를 부르곤 해요. 하루는 장을 보고 나오는데 그 여자가 있었어요. 그런데 일곱 살 정도 돼 보이는 어린 딸을 데리고 제 앞에 걸어가던 어떤 엄마가 이렇게 말하는 거예요.

"저기 정신 나간 여자가 있네."

어린 딸은 엄마의 말을 듣고 화가 나서 이러더군요.

"엄마, 그건 좋은 말이 아니잖아요. 만약 어떤 사람이 엄마한테 정신 나간 여자라고 하면 기분이 어떠시겠어요?"

저는 지나가면서 중얼거리듯 끼어들었지요.

"나는 행복한 여자라고 부르는데……."

그러자 아이는 얼굴이 밝아지더군요. 아이의 엄마도 살짝 웃으며 이렇게 말했어요.

"그래, 정말 행복해 보이는 것 같구나."

때때로 아이들은 우리에게 가르침을 주기도 한다.

가정 안에서의 놀림

때로는, 자녀를 강하게 키우겠다는 이유로 아이들을 비웃거나 놀리는 실수를 범할 때가 있다. 그러나 놀리는 것은 강인한 성격을 갖게 하는 데 결코 좋은 방법이 아니다. 아이는 스스로를 보호하기 위해 허세를 부리는 습관이 생길 수도 있다. 이것은 내면의 강인함을 키우는 것과 다르다.

열두 살인 피트의 아빠는 젊은 시절 유명한 축구선수였다. 그리고 피트는 지역 팀에서 곧 챔피언십 경기를 앞두고 있다. 아빠는 피트가 경기에 공격적으로 임하지 못한다고 생각했고 아이에게 자극을 줘 동기부여를 하려고 했다. 그런데 피트에게는 이것이 연습시간 동안 팀원들 앞에서 놀림을 당하는 꼴이 되고 말았다.

"거기서 대체 뭘 하는 거야? 주문한 음식이 나오길 기다리고 있는 거야? 돌진해! 공을 따라가라고!"

아빠는 경기장 라인 옆에서 소리를 질러댔다. 피트는 고개를 끄덕이고 이를 악문 채 다시 축구장으로 뛰어갔지만 화가 나고 짜증이 나서 경기에 집중할 수 없었다.

피트의 아빠는 나쁜 의도로 그런 것은 아니었다. 아빠는 그것이 아들에게 창피를 주는 심술궂은 말이라는 것을 생각하지 못했을 뿐이다. 그저 자신이 선수 시절 겪었던 일을 아들에게 되풀이하는 것인지도 모른다. 하지만 안타깝게도 이런 행동은 경기에 도움이 되지 않았을 뿐 아니라 아들과의 관계에 악영향을 미쳤다.

형제자매 사이에서도 심각한 조롱을 할 때가 있다. 형제자매는 상대방의 약점을 아주 잘 알고 있어서 정곡을 찌르거나 싫어하는 별명을 부르는 등 여러 가지 방법으로 상대를 괴롭힐 수 있다.

질은 남동생이 이웃집으로 이사 온 남자아이와 친구가 되고 싶어 한다는 것을 알았다. 둘은 또래인 데다 둘 다 스케이트보드를 가지고 있었다. 질은 두 소년이 함께 노는 것을 보면 자전거를 타고 지나가면서 동생을 약 올리곤 했다.
"오줌싸개야, 어젯밤에도 오줌 쌌니?"

이런 조롱은 아주 해로울 뿐 아니라 파괴적이다. 가족에게 반복적으로 놀림을 당하는 것은 아이에게 큰 상처를 주고 자신 없고 소심한 성격으로 만든다. 부모는 형제자매 사이에 어떤 일이 벌어지고 있는지를 정확히 알고 있어야 한다. 특히 부모가 가까이에 있지 않을 때 더더욱 그렇다. 직접 나서서 분명하게 선을 그어 주고 이를 벗어나는 행동을 할 경우, 어떤 대가를 치러야 하는지 알도록 일관된 태도를 유지해야 한다. 그래야 아이들이 가정 내에서 편안함을 느낄 수 있다.

안전한 가정

누구나 때로는 다른 사람의 농담거리가 되거나 비웃음거리가 될 수 있다. 자녀들이 자라는 동안 놀림을 전혀 받지 않도록 보호할 방법은 없다. 하지만 가정을 항상 안전하고 편안한 천국으로 여기도록 분위기를 조성해 준다면, 아이들은 가정이 따뜻한 곳이라 느끼며 자랄 수 있다.

이런 부모 밑에서 자란 아이들은 자신들이 설사 잘못을 하더라도 세상이 끝나는 것이 아니라는 안도감을 갖게 되고 자신감을 키울 수 있다. 자신의 실수를 웃어넘길 수 있는 여유도 가질 수 있다. 가족이 서로 비웃는 대신에 함께 웃을 수 있다면 부끄러움이나 소심한 마음은 눈 녹듯 사라질 것이다.

질투 속에서 자라는 아이들은
시기심을 배운다

If children live with jealousy,
they learn to feel envy.

서양에서는 질투를 '녹색 눈을 가진 괴물'이라 부르기도 한다. 눈에 초점을 둔 질투의 이미지는 이것이 어떤 감정인지를 잘 보여준다. 질투는 우리가 사물을 어떻게 보느냐에 따라 생기는 감정이다. 남의 떡이 커 보인다는 말처럼 옆집 잔디가 더 푸르고 싱싱한 것 같고, 이웃의 차나 집을 보고 부러움을 느껴 시기할 수도 있다. 반대로 내가 가진 것에 대해서 감사하고 행복해할 수도 있다.

무엇이든 더 많이 가진 사람도 있고, 못 가진 사람도 있다. 이런 현실을 어떻게 받아들이는가는 우리 자신에게 달려 있다. 만약 우리가 지금 가진 것에 만족하지 못하고 더 많은 것을 가진 사람들과 끊임없이 비교하고 그들을 시기한다면, 아이들은 이 모습을 그대로 보고 배워 시기와 실망으로 물든 삶을 살 것이다. 우리는 먼저 우리

안에 있는 녹색 눈의 괴물을 길들여야 한다. 그래야 아이들이 자신이 가지지 못한 것에 대해 불평하기보다는 자기가 가진 것을 소중하게 즐기는 법을 배울 수 있다.

남의 떡이 커 보인다

내가 가진 것과 다른 것의 차이를 느끼고 비교하는 것은 정상적이고 당연한 것이며 나아가 인류의 생존에 꼭 필요한 본성이다. 차이를 구별하는 것은 '관찰 능력'의 핵심적인 요소다. 아이들에게는 차이를 구별하는 것을 배우는 것이 비판적인 사고 능력을 개발할 수 있는 첫 걸음이기도 하다. 문제는 그런 비교의 결과가 질투와 시기라는 파괴적인 감정을 갖도록 만들 수 있다는 것이다.

아이들은 앞마당에서 놀고 있었고 엄마는 정원을 손질하고 있었다. 그때 아빠가 막 구입한 새 차를 몰고 집 앞 진입로에 들어섰다. 엄마는 자신이 원하던 색의 차라며 기뻐했고 아이들도 아주 신이 났다. 가족이 처음으로 가지게 된 새 차였고 아빠의 깜짝 선물이었기에 아빠도 자랑스러웠다. 온 가족이 힘을 모아 새 차를 관리하는 것은 아주 즐거운 일이었다.

아이들은 주말마다 세차하는 것을 도왔고 차를 탈 때면 신발이 좌석 시트에 닿지 않도록 조심스럽게 앉았고 음식 부스러기가 떨어질까 봐 차 안에서는 아무것도 먹지 않았다. 그런데 가을이 됐을 때 이웃이 더 멋진 모델의 새 차를 더 싼값에 구입했다. 이 소식을 듣게 된 아빠는 속상해하며 말했다.

"그 모델을 사면 좋았을 걸. 몇 달만 기다렸다면 더 좋은 조건으로 살 수 있었을 텐데……."

엄마는 아빠를 위로하기 위해 이렇게 말했다.

"괜찮아요. 이 차가 우리 가족한테 더 잘 맞아요."

아빠는 엄마가 상황을 잘 이해하지 못한다고 생각했고 여전히 심기가 불편했다. 아이들은 자기들의 멋진 차에 갑자기 무슨 문제가 생긴 건지 알지 못했지만 차에 대한 아빠의 태도가 달라진 것은 분명히 느낄 수 있었다. 아이들은 아빠가 화가 난 눈으로 이웃집 차를 바라보는 것을 알 수 있었고 아빠가 질투하고 있음을 알았다.

차에 대한 아빠의 열정이 식자 그것은 아이들에게도 그대로 전염됐다. 아이들에게도 이제 그 차는 더 이상 특별하게 느껴지지 않았고, 뒷좌석에서 과자를 먹으면서 바닥에 부스러기가 떨어져도 신경 쓰지 않았다. 얼마 후 그 차는 더 이상 특별해 보이지 않는 지저분한 차가 되고 말았다.

아빠의 태도는 자기의 행복뿐 아니라 가족의 행복에도 영향을 줬다. 아빠의 질투는 두 딸에게 사람의 가치가 소유한 물건에 달린 것이라는 메시지를 전해줬다. 이것은 결코 우리가 아이들에게 전해주고 싶은 메시지가 아니다.

때때로 물질이 아니라 다른 집 아이들이 시기심에 불을 당길 수도 있다. 대부분 이런 경우는 부모가 자식을 자신의 분신으로 여기

고 자녀의 성취가 곧 자신의 성취라고 생각하기 쉽다. 본인의 자아를 자녀들과 분리해서는 생각할 수 없기 때문에 이것은 불건전한 경쟁을 시작하는 비교로 이어진다.

그래서 어느 집 아기가 더 빨리 걸음마를 떼고, 누가 월반에 들어갈 수 있으며, 누가 상을 받고, 누가 가장 예쁜지, 누가 친구가 제일 많은지, 누가 명문 대학에 진학하는지가 중요한 관심사가 된다.

한 젊은 엄마가 내게 이런 고민을 털어놓았다.

"언젠가 어떤 아이가 아주 어려운 내용의 책을 읽고 있는 걸 봤어요. 우리 딸은 《모자 쓴 고양이》처럼 아주 쉬운 동화책에도 관심이 없는데 말이죠. 질투로 온몸이 마비되는 것 같았어요. 전 제 아이가 그 아이처럼 어려운 책도 술술 읽기를 바랐어요. 그러다 어느날, 그 집 아이가 사람들 앞에서 책을 읽다가 어려운 단어 때문에 더 이상 읽지 못하도록 바라는 저 자신을 발견하고 몹시 당황스러웠어요. 그때 제가 가진 시기심이 얼마나 못된 것인지 깨달았고 그런 생각을 한 제가 부끄러워지더군요."

내 아이보다 더 착하고 더 똑똑하고 더 매력적인 아이들은 언제나 있기 마련이다. 그러나 다시 한 번 말하지만 우리는 이런 상황을 어떻게 바라볼지 선택할 수 있다. 우리 아이의 부족한 점을 보는 대신 아이들이 가진 장점에 집중하는 것이 훨씬 바람직하다. 비교가 불가피한 경우라면 우리는 각각의 아이들이 지닌 특성을 인정하고 감사할 수 있어야 한다.

자녀의 성공과 실패는 자녀들의 것이지, 우리의 것이 아니라는 사실을 인식해야 한다. 우리는 아이들을 사랑한다. 그래서 그들의 성공을 함께 기뻐하고 실패에 마음 아파하는 것이 아주 당연하다. 하지만 우리의 희망과 기대가 아이들의 성격과 장점에 맞춰진 것이어야지, 우리가 이루지 못한 소망을 자식에게 투영해서는 안 된다.

형제간의 경쟁

형제지간에 부모의 관심과 사랑을 독차지하려고 경쟁하는 것은 매우 자연스러운 일이다. 하지만 아이들을 비교하거나 또는 한 아이를 편애하는 것은 형제간의 경쟁심을 부추기고 돈독한 우애를 형성하는 데 방해가 된다.

엄마는 샤론을 격려해 주려고 애썼다.

"글씨쓰기 연습을 더 열심히 해야겠다. 연습만 하면 너도 언니처럼 글씨를 아주 예쁘게 쓸 수 있을 거야."

샤론은 식탁 건너편에 앉아 조용히 숙제를 하고 있는 언니를 쳐다봤다. 언니는 선생님들의 사랑을 독차지할 뿐 아니라 친구들에게도 인기 만점이고 엄마도 언니를 더 신뢰한다. 샤론은 언니를 미워해야 할지 자기 자신을 원망해야 할지 알 수가 없었다.

"나는 아무것도 제대로 하는 게 없어. 글씨를 써도 연필 자국이 항상 번지잖아. 그리고 나는 글쓰기 따위 정말 질색이야."

샤론은 울음을 터뜨리고 2층의 자기 방으로 뛰어 올라갔다.

부모의 말에 아이가 부정적으로 반응한다면, 이는 부모의 말에 숨겨진 의도를 다시 한번 점검해 봐야 한다는 신호다. 만약 엄마가 샤론의 마음을 조금만 헤아려 봤다면 자신이 샤론과 언니를 비교했고 샤론이 언니를 질투하게 만들었다는 사실을 알 수 있을 것이다. 그렇다면 엄마는 딸의 감정을 이해하고 사과해야 한다.

아이들은 놀랄 만큼 쉽게 용서하는 너그러운 마음을 가지고 있다. 특히 부모가 자신의 실수를 인정하면 더 너그러워진다. 그러므로 샤론에게 앞으로는 누구하고도 비교하지 않고, 있는 그대로의 샤론만을 볼 것이라는 사실을 알려줘야 한다.

하지만 실제로 우리가 매순간 주의를 기울이고 말 한마디라도 조심한다 해도 형제간의 경쟁심은 피할 수 없는 것이다. 형제간의 경쟁의식이란 지극히 일반적이고 원초적인 감정이기 때문이다.

엄마가 케이크를 자르고 있다. 쌍둥이 린다와 게리는 눈을 번득이며 그 모습을 지켜보고 있다. 혹시라도 자기 몫이 더 작으면 당장 엄마에게 대들 태세다. 케이크를 정확하게 똑같은 크기로 자르는 것은 불가능하다. 하지만 엄마는 공평하게 나눠주려고 최선을 다하고 있다.

누가 더 큰 것을 받았는지는 그냥 웃고 넘길 수 있는 사소한 일이지만, 어린 시절 내내 이런 경험이 쌓이면 결국 아이들은 "엄마는 항상 너를 더 예뻐하셨어."라고 생각하며 마음의 상처를 갖게 된다. 자녀들의 질투심을 진지하게 받아들이고 균형을 맞출 수 있는 모든 조치를 취해야 한다.

케이크 조각의 크기가 아이들에게는 '부모의 사랑과 관심의 상징'이라는 점을 기억하라. 케이크를 똑같은 크기로 잘라 달라고 조르는 것은, 공평한 사랑과 관심을 받고 싶은 마음을 간접적으로 표현하는 것이다. 아이들의 요구에 부응하고 공정하게 대함으로써 아이들 역시 다른 사람들에게 공정한 태도를 가질 수 있도록 도와줘야 한다.

집단의식

"수잔은 머리에 블리치를 했어요. 근데 난 왜 하면 안 되나요?"

"미키는 저 스니커즈를 갖고 있다고요."

"모두 귀를 뚫어요. 나도 귀를 뚫고 싶어요."

아이들은 누구나 다른 아이들을 질투하고 다른 아이들이 가진 모든 것, 예컨대 옷·친구·성적·차·곱슬머리 또는 생머리를 부러워한다. 아이들은 자기가 우러러 보는 친구들과 똑같은 것을 소유함으로써 자신도 그 친구처럼 될 수 있다고 생각한다. "나도 옷만 제대로 입으면 사만다처럼 인기가 많아질 텐데……." 아니면 "하이 탑 운동화만 신는다면 나도 제이슨처럼 농구를 잘할 수 있어."하고 말이다.

아이들은 어떤 능력이나 소유물이 곧 행복이라고 혼동하기 쉽다. 아이들은 인기를 얻거나 운동을 잘하기 위해서는 반드시 어떤 특별한 물건이 필요하다고 생각하고 이런 물건을 가지면 자신감이 생길 거라고 믿는다. 하지만 이런 사고방식은 오로지 실망만 안겨줄 뿐이다.

막 십대로 접어드는 시기부터 아이들은 부모보다 친구를 더 중요하게 생각하고 또래집단에서 인정받는 특정한 물건을 소유하는 것에 집착할 수도 있다. 또한 이 시기는 아이들이 추상적이고 철학적인 사고를 배우고 이 세상에서 자신의 존재가치를 확립하기 시작하는 때이기도 하다. 이런 과정은 견디기 힘든 두려움과 불안함이 따른다. 십대들은 흔히 '또래집단'에 소속되는 것으로 이런 정서적인 혼란에서 벗어나려고 한다. 그래서 또래집단에 소속되는 것이 무엇보다 중대한 일이 될 수 있다.

그러므로 개인마다 차이가 있는 것은 당연할 뿐만 아니라, 그것이 바람직하다는 사실을 자녀들이 깨닫도록 도와줘야 한다. 우리는 자녀들이 다른 아이들을 모방하거나 또래집단에 속하기 위해 특정 물건을 갈망하지 않고도 강한 자신감과 확고한 자아상을 확립할 수 있기를 바란다. 확고한 자아상과 자신감을 가진 십대는 다른 사람을 모방할 필요성을 별로 느끼지 못한다. 하지만 이것이 아이들이 친구들에게 전혀 영향을 받아서는 안 된다는 의미는 아니다.

선망하는 친구를 모델로 삼는 것은, 그 친구를 그대로 모방하는 것과 다르다. 그리고 타인에 대한 선망은 목표를 세우고 이를 달성하게 이끌어 주는 원동력이 될 수도 있다. 설사 자신이 세운 목표를 달성하지 못한다 할지라도 질시가 아니라 타인을 인정하고 칭찬할 수 있는 십대 청소년은 더욱 장기적이고 넓은 시각을 가질 수 있다.

"카르멘이 주장이 됐어요. 내가 주장이 되지 못해서 좀 실망스럽긴 하지만 카르멘이라면 잘 해낼 수 있을 거예요. 올해는 우리 팀이 정말 강해질 거예요. 상대할 팀이 없을 정도로 무적 팀이 될 거예요."

육상부 주장이 되고 싶었던 캐리가 한 말이다.

십대들이 자신의 정체성을 확립해 가는 데는 부모의 도움이 필요하다. 사춘기라는 지뢰밭을 통과할 때 부모가 늘 곁을 지켜주는 것은 매우 중요하다. 우리는 자녀들이 가진 소질과 장점을 찾아내고 계발하는 방법을 배울 수 있도록 도와줘야 한다. 그렇게 하기 위한 가장 좋은 방법은 귀를 쫑긋 세우는 것이다.

가령 차를 타고 가는 동안이나 자녀가 잠자리에 들기 전, 또는 함께 쿠키를 굽거나 정원 일을 할 때 같은 일상생활에서 말이다. 중요한 것은 자녀들이 자신의 생각과 감정을 표현할 때 귀를 기울여 주고 독립에 대한 욕구가 점점 커지는 그 또래의 특성을 신중하게 고려해서 우리의 관점을 제시하는 것이다. 자녀들이 우리에게 마음을 열 때 진지하게 경청하며, 어떻게 하라고 일방적으로 일러주는 대신에 우리의 견해를 제시해 줘야 한다.

자녀와 우리 자신을 있는 그대로 존중하기

우리는 자녀들을 어떤 시각으로 볼 것인지 선택할 수 있다. 우리가 자녀를 존중할 때 그들 역시 자신을 존중하는 법을 배운다. 아이들의 관심과 소망, 걱정, 꿈, 재미있어 하는 농담이 무엇인지 주의를 기울이고 들어준다면 아이들은 우리가 그들의 특별한 능력과 자질을 정확하게 알고 있을 뿐 아니라 소중하게 생각하고 있다는 사실을 알게 될 것이다. 또한 자신이 부모에게 얼마나 중요한 존재인지를 깨닫게 된다.

그리고 우리가 아이들의 장점뿐 아니라 약점까지도 있는 그대로 받아들이는 모습을 보여줌으로써 아이들 또한 자신의 정체성을 더 쉽게 확립할 수 있다. 그 결과, 자녀들이 있는 그대로의 자기 자신을 존중하고 자신의 삶에 최선을 다하면서 살아갈 수 있게 될 것이다.

수치심을 느끼며 자라는 아이들은
죄책감을 배운다

If children live with shame,
they learn to feel guilty.

우리는 아이가 어릴 때부터 친구의 장난감을 빼앗으면 안 되고, 물건을 살 때는 반드시 돈을 내야 하며, 남을 속이는 것은 잘못된 행동이라는 것을 가르치는 것에서부터 옳고 그름에 대한 교육을 시작할 것이다.

자녀들은 자라면서 거짓말을 해도 좋을 때가 있는지, 친구가 잘못된 행동을 하는 것을 알게 됐다면 어떻게 하면 좋을지 등등의 복잡한 윤리적인 문제들과 씨름하게 된다. 내면의 도덕적 잣대를 키워나가는 일은 평생 계속되는 과정이다. 그러나 이 배움의 과정에서 자녀들이 올바른 출발을 할 수 있도록 우리가 도와줘야 한다.

어떻게 자녀들에게 옳고 그름을 분별하는 법을 가르칠 수 있을까? 우리는 자녀들이 착하고 친절한 사람들로 성장하기를 바란다.

하지만 그렇지 못한 경우 어떻게 해야 할까? 자녀들이 의도적으로 잘못된 행동을 하면 어떻게 해야 할까? 다른 사람을 괴롭히거나 일부러 물건을 빼앗거나 망가뜨리면 어떻게 대처해야 할까?

다른 사람을 고의적으로 해치거나 피해를 주는 행동은 절대 용납되지 않는다는 사실을 분명히 알려주고 이해시켜야 한다. 또한 잘못된 행동을 뉘우치고 스스로 책임질 수 있도록 가르쳐야 한다. 나아가 그릇된 행동의 결과를 통해 자연스럽게 교훈을 얻도록 이끌어야 한다.

자녀가 잘못된 행동 때문에 평생 수치심과 죄의식에 사로잡혀 살아가게 해서는 안 된다. 아이들의 잘못된 행동을 비난하고 수치심을 느끼게 만들면 아이들은 자신에 대해 부정적인 감정을 가질 수 있으며 결국에는 자신감을 잃거나 자신을 가치 없는 존재로 여길 수도 있다. 그러므로 아이들을 통제하거나 옳은 방향으로 유도하기 위해 지나치게 수치심을 자극해서는 안 된다. 자녀들을 가르치는 방법으로는 체벌이 아니라 격려와 지지가 가장 효과적이다.

다행스럽게도 대부분의 아이들은 고의적으로 남을 괴롭히거나 남의 물건을 망가뜨리지는 않는다. 보통 부모의 훈육이 필요한 경우는 아이들이 의도하지 않았거나 별 생각 없이 그런 행동을 했을 때가 대부분이다. 친구가 들고 있는 장난감을 빼앗는다거나, 주방을 엉망으로 만들어 놓고 치우지 않는다거나, 물어보지도 않고 남의 물건을 갖다 쓴다거나 하는 행동들 말이다. 이때 부모가 할 일은 아이들에게 그 행동이 왜 잘못된 것인지를 이해시키고, 자기 행동에 어떻게 책임을 지고 바로잡을 수 있는지를 지적해 주는 것이다.

죄책감이 아니라 배움을 격려하라

자녀들이 뭔가 잘못을 저질렀을 때, 예를 들면 물건을 훔치거나 거짓말을 했을 때, 우리는 먼저 화부터 내고 그 잘못으로 인한 최악의 경우를 상상하기도 한다. 하지만 이런 순간들이 닥칠 때 먼저 자녀들에게 자신이 한 일을 되돌아볼 수 있게끔 해주는 것이 가장 중요하다. 어쩌면 아이들은 자신이 어떤 잘못을 했는지 알지 못할 수도 있다. 성급하게 결론 내리기 전에, 아이들에게 어째서 그런 행동을 했는지 말하게끔 하라. 그러면 아이들은 자신의 자아상을 지키면서도 어떤 행동이 올바른 것인지 좀 더 분명하게 알게 될 것이다.

멜리사의 엄마는 핸드백 속에 넣어 뒀던 동전지갑이 열려 있고 그 속에 있던 잔돈이 모두 사라진 것을 알게 됐다. 집에는 그녀와 일곱 살 난 딸 멜리사 둘뿐이었다. 엄마는 멜리사의 방으로 가서 추측이 아니라 있는 그대로의 사실만 말하려고 노력하면서 조심스럽게 말을 꺼냈다.

"엄마 지갑 속에 들어 있던 동전이 모두 사라졌어."

인형놀이를 하던 멜리사가 고개를 들었다. 엄마는 계속해서 말했다.

"엄마 핸드백 속에 지갑이 열려 있었어. 엄마는 늘 지갑을 잘 닫아 두는데. 어떻게 그게 열려 있는지 모르겠어."

멜리사가 엄마에게 설명하기 시작했다.

"아이스크림이 너무 먹고 싶어 돈이 필요했는데 엄마가 전화를 받느라 바빠 보였어. 그래서 내가 알아서 돈을 꺼냈어. 그런데 지퍼를 잠그지 않았나 봐. 엄마, 미안해."

엄마는 웃음이 나올 뻔했지만 심각한 표정을 지우지 않았다. 멜리사가 미안해하는 것은 다행이지만 멜리사는 자신의 잘못을 잘못 알고 있었다. 엄마는 멜리사 옆에 앉아서 부드럽고도 단호하게 말했다.

"엄마 핸드백도 엄마 돈도 다 엄마 거야. 엄마가 네 돈을 마음대로 가져가지 않는 것처럼 너도 엄마 돈을 마음대로 가져가면 안 되는 거야."

만약 이런 일이 처음 일어났다면 멜리사가 엄마의 지갑에서 가져간 돈만큼 멜리사의 용돈을 줄여서 것으로 그 돈을 갚도록 상의할 수 있을 것이다. 하지만 만약 이 일이 두 번째로 일어난 것이라면 돈을 갚는 것 외에 다른 조치가 필요하다. 멜리사가 좋아하는 텔레비전 프로그램을 못 보게 할 수도 있다. 그런데도 말도 없이 돈을 가져가는 행동이 계속된다면 엄마는 더 강력한 조치를 취해야 한다. 심각할 경우에는 도벽의 원인이 무엇인지 알아보기 위해 전문적인 도움을 구해야 한다.

멜리사의 엄마는 돈을 가져갔다는 사실로 멜리사에게 창피를 주지는 않았지만 멜리사의 행동이 잘못됐고 용납될 수 없는 행동이라는 사실을 분명히 했다. 멜리사는 자신의 행동에 죄책감을 느꼈을 수도 있지만 자기 자신이 나쁜 사람이라고 생각할 필요는 없었다. 엄마는 다음과 같은 대화를 통해 멜리사가 다음번엔 좀 더 적절한 행동을 할 수 있도록 했다.

"네가 아이스크림을 살 돈이 필요했고 엄마가 바빴던 건 이해해. 하지만 말도 없이 엄마 지갑에서 돈을 가져가서는 안 돼. 아까 같은 상황에서 어떻게 하는 것이 좋았을까?"

멜리사는 곰곰이 생각한 후에 대답했다.

"엄마를 기다렸을 수도 있지만 그랬다면 아이스크림 트럭이 그냥 가 버렸을 거야."

멜리사는 잠시 멈칫했다가 덧붙였다.

"내 돼지 저금통에서 돈을 꺼냈을 수도 있었어……."

"그래, 그렇게 할 수도 있었지."

엄마가 맞장구를 쳤다.

"아니면, 엄마가 통화할 때 쪽지를 써서 보여줄 수도 있었어."

"그것도 한 방법이겠구나."

"아이스크림을 사지 않을 수도 있었어."

멜리사는 우물쭈물 망설이며 마지막 방법을 제시했다.

"그렇게는 못했을 것 같은데……."

엄마는 웃음을 터뜨리며 멜리사를 안아줬다.

"하지만 다음에 돈이 필요하면 꼭 엄마한테 먼저 물어봐야 해. 알겠지?"

엄마의 질문을 통해 멜리사는 자신의 행동을 스스로 되돌아보고 아이스크림을 사먹고 싶은 욕구를 어떻게 하면 올바른 방식으로 충족시킬 수 있는지 생각해보는 기회를 얻었다. 또 이 질문들은 멜리사가 자신의 행동에 대해 수치심이나 죄책감을 느끼게 하지 않았다. 대신에 멜리사는 자신의 행동에 더 큰 책임감을 느끼고 이를 통해 자기 자신에 대해 더 긍정적인 느낌을 가질 수 있게 됐다.

아이도 자신의 감정에 충실할 권리가 있다

우리가 어린 시절의 우리 모습을 기억해내는 것은 쉽지 않다. 때때로 자녀들이 속상해하거나 화를 내면, 우리 눈에는 그것이 어리석고 말도 안 되는 것처럼 보인다. 하지만 아이들이 자신의 감정을 표현하는 방법을 배우는 중이며 아직까지 그런 감정들을 합리적으로 설명하거나 다른 감정과 구분해 표현할 수 있는 능력이 없다는 사실을 기억해야 한다. 우리는 아이들의 감정 표현이 우리 눈에 타당해 보이든 아니든, 아이들이 수치심을 느끼지 않고 자기 감정을 표현할 수 있게 해줘야 한다.

도니는 활달하고 영리한 다섯 살 남자아이지만 천둥과 번개를 아주 무서워했다. 불행하게도 도니가 사는 곳은 천둥 번개가 자주 치는 지역이다. 먹구름이 몰려올 때마다 도니는 항상 겁에 질렸다.

"무서워. 천둥소리가 너무 가깝게 들려. 혹시 우리집에 번개가 칠 수도 있어?"

처음에는 이렇게 물은 뒤 울음을 터뜨리고 비명을 질러대다가 이불을 뒤집어쓰고 벌벌 떨었다. 아빠도 처음에는 도니를 달래 보려 애썼다.

"무서울 것 없어. 걱정하지 마. 우리 집에는 절대로 번개가 내리치지 않아."

하지만 이런 말들도 효과가 없었다. 도니의 아빠는 천둥 번개가 칠 때마다 매번 아들을 안심시키며 달래줘야 한다는 사실을 참을 수 없었다. 아빠는 인내심을 잃고 같은 말을 반복하며 점점 더 언성을 높였다. 이것은 상황을 더 악화시켰다. 도니는 더욱 겁에 질렸고 아빠는 더욱 짜증이 났다. 마침내 인내심이 바닥난 아빠가 버럭 화를 냈다.

"정말 창피해서 못살겠다! 대체 넌 어디가 어떻게 잘못된 거니?"

도니의 아빠는 이제 도니의 무서움을 달래주는 것이 아니라, 무서워하는 감정은 부끄러운 것이라고 아들에게 가르치고 있었다.

도니의 아빠가 아들의 두려움을 이해하고 받아들였다면 아마 훨씬 효과적으로 도니의 공포심을 달랠 수 있었을 것이다. 도니를 무릎에 앉히고 이런 말을 했을 수도 있다. "도니야, 천둥 아저씨랑 번개 아저씨에게 뭐라고 말해주고 싶니?" 이런 질문은 상황을 더욱 감정적으로 만들기보다는 도니의 공포심을 건설적으로 해결해줄 수 있다. 가령, 도니는 천둥에게 "꺼져 버려!"하고 고함을 지르는 것으로 두려움을 극복할 수 있다는 사실을 발견했을지 모른다.

아이들의 결점과 공포를 따뜻하게 감싸안고 자신의 두려움에 당당히 맞설 수 있도록 도와준다면 아이들은 스스로를 긍정적으로 생각하고 자신감 넘치는 모습으로 성장할 수 있다. 아이들이 느끼는 감정이 우리가 보기에 황당하더라도 아이들은 저마다 자신의 감정을 표현하고 정서적 요구를 충족시킬 권리가 있다. 아이가 자라면서 감정을 표현할 권리는 다른 사람들에게 존중받을 수 있는 방법으로 표현돼야 한다는 책임감과 자연스럽게 균형을 이루게 된다.

하지만 이 정도로 성숙된 단계에 이르기 전까지는 아이들이 자신의 감정을 수치스럽게 여기거나 감정을 숨기게 만드는 것은 전혀 도움이 되지 않는다. 자기 감정을 솔직하게 표현하도록 해주는 것은 자녀가 자신의 감정을 스스로 해결할 수 있는 단계를 향해 나아가는 첫 걸음을 떼도록 도와주는 것이다.

책임지기

아이들은 철이 들면서 자신이 어떤 사건의 원인이 될 수도 있으며 자신의 행동이 다른 사람들에게 어떤 영향을 미칠 수 있는지 더 구체적으로 이해하게 된다. 이런 학습은 책임감을 기르는 시발점으로서 가정생활에서 아이들의 참여가 점점 높아지면서 책임감도 자연스럽게 커진다. 그러나 아이들이 사건의 결과에 대해 미리 걱정하게 만들거나 잘못된 결과를 바로잡기 위한 방법으로 수치심을 느끼게 해서는 안 된다. 아주 어린 아이들조차 종종 자신이 잘못한 결과를 바로잡고자 하는 자발적인 욕구를 표현하곤 한다. 다행스럽게도 대부분의 아이는 부모를 기쁘게 만들고 싶어 한다.

여섯 살 난 빌리는 냉장고에서 오렌지주스를 꺼내려다가 커다란 주스 통을 놓쳐 바닥에 떨어뜨리고 말았다. 아기 식탁 의자에 앉아 있던 18개월 된 동생이 보기에는 사방에 오렌지 주스가 튀어 오르는 것이 신나는 장면이었다. 동생은 신나서 손뼉을 쳤다.

하지만 빌리는 동생보다는 철이 들어서 자신이 주방을 얼마나 엉망으로 만들었는지 깨달았다. 빌리는 오렌지주스가 흥건한 바닥을 행주로 닦기 시작했다. 빌리는 바닥을 깨끗하게 하려고 했지만 젖은 행주를 비틀어 짜서 물기를 없애야 한다는 사실을 알지 못했다. 엄마의 눈에는 빌리가 바닥에 일부러 주스를 엎질러 놓고 장난을 치는 것처럼 보였다. 빌리는 엄마를 올려다보며 말했다.

"엄마, 미안해. 내가 지금 치우고 있어."

엄마는 입 밖으로 튀어나오려는 말을 꾹 참고 일단 길게 심호흡을 했다. 그러고 나서 다시 보니 빌리가 엉망이 된 부엌 바닥을 치우려고 정말 애를 쓰고 있다는 것을 알 수 있었다.

"자, 엄마가 도와줄게. 우리 아이 제법이구나. 그런데 스펀지로 하면 더 잘 닦일 거야. 빈 그릇도 가져와야겠다."

아이들이 잘못된 상황을 바로잡기 위해 애쓰고 있다는 사실을 알아주고 칭찬해주는 것은 매우 중요하다. 당장 눈에 보이는 잘못된

수치심을 느끼며 자라는 아이들은 죄책감을 배운다

결과에 벌을 주기보다는, 자신이 저지른 일에 책임지고 상황을 바로잡으려는 노력을 인정하고 격려해야 한다.

빌리는 자신의 실수를 인정하고 사과했으며 상황을 바로잡으려고 최선을 다했다. 물론 그 노력이 효과적이지 않았지만 좋은 의도를 띤 행동이었다. 그래서 엄마는 빌리의 사과를 받아주고 상황을 수습하려고 한 빌리의 노력을 인정해줬다. 그래서 빌리와 엄마는 자칫 불쾌한 상황이 됐을 수 있는 사건을 순탄하게 넘길 수 있었다. 그리고 사과하고 책임지고 용서하는 긍정적인 순환 과정을 경험할 수 있었다. 함께 주방을 치우면서 믿음과 사랑의 감정은 더욱 돈독해졌다.

자녀들에게 책임은 동전의 양면과 같다는 것도 알려줘야 한다. 실수를 저질렀을 때 자신의 행동에 책임을 져야 할 뿐 아니라 어떤 일을 잘 해냈을 때도 자신이 잘한 일을 인정할 수 있어야 한다는 것을 말이다. 이를 통해 아이들은 자신이 성취한 일에 용기와 자부심을 얻고 개선이 필요한 부분은 지속적으로 노력할 것이다.

미안해

사과는 상처에 바르는 연고와 같다. 누군가에게 상처를 줬다면 진심 어린 사과로 상황을 진정시킬 수 있다. 그러나 어떤 아이들은 어떤 문제를 일으켰든 간에, 미안하다는 한마디만 하면 자신의 책임이 모두 사라지는 것처럼 기계적인 태도로 사과하기도 한다. 이런 아이들은 죄책감이나 수치심을 느끼지 못하는 것처럼 보인다. 또 사과만 하면 마치 자신들이 그 전에 하던 대로 계속해도 된다는 초록색 신호등이 켜지는 것처럼 행동한다. 아니면 어떤 상황에서든 사과만 하면 상대방이 무조건 "아, 괜찮아. 이해해."라고 대답하고 쉽게 용서해줄 거라고 생각한다.

아홉 살 난 어떤 남자아이는 상당히 자기중심적이고 냉소적인 사과 방법을 고안해 냈다. 이 아이는 미리 "미안해."라고 쓴 카드를 준비해 뒀다가 교실이나 운동장에서 자신이 잘못을 저지르면 바로 그 카드를 꺼내 상대방에게 내밀었다.

이런 아이에게는 진심이 담기지 않은 사과나 무례한 사과는 하지 않는 것보다 못하다는 사실을 확실히 가르쳐야 한다.

자녀들에게는 자신의 행동이 다른 사람들에게 영향을 끼친다는 사실을 알려줘야 한다. 또 의도적이건 아니건 간에 누군가에게 피해를 주거나 상처를 주는 행동을 했다면 상대방의 기분이 어떨지를 이해하고 상대에게 고통을 준 자신의 행동에 책임을 져야 한다는 것을 가르쳐 줘야 한다. 이런 배움을 통해 아이들은 마음에서 우러난 사과를 하고 또 자신의 잘못을 바로잡으려는 노력을 할 것이다. 진심어린 사과에는, 자신의 책임을 인정하고 잘못을 진심으로 후회하며 다시는 그런 일이 일어나지 않게 하겠다는 의지가 담겨 있다.

샘은 세발자전거를 타다가 형 케이지가 공들여 쌓은 블록 탑을 무너뜨렸다. 샘의 아빠는 일단 샘에게 반성의 시간을 가지게 한 후 형이 쌓은 블록을 왜 무너뜨렸냐고 물어봤다. 샘은 형이 놀아주지 않아서 화가 나서 그랬다고 대답했다.

"정성껏 쌓은 탑이 무너졌을 때 형의 기분은 어떨 것 같아?"

아빠가 물었다.

"속상하고 화가 날 거야."

샘이 대답했다.

아빠는 샘에게 형의 블록 탑을 무너뜨린 것이, 형이 샘과 놀아주게 만들 좋은 방법이라고 생각하는지 물어봤다. 샘은 그것이 좋은 방법이 아니라고 인정했다. 그런 다음 샘과 아빠는 형의 관심을 끌기 위한 더 좋은 방법에 대해 이야기를 나눴다. 또 샘에게 이 상황을 바로잡기 위해 어떤 노력을 할 수 있는지 물었다. 샘은 케이지에게 미안하다고 말하고 탑을 다시 쌓는 것을 도와주겠다고 했다. 샘은 케이지에게 사과했고 케이지는 마지못해 사과를 받아줬다.

다른 사람을 존중하는 것과 자기 자신을 존중하는 것

규칙과 규범으로 움직이는 세상에서 살아가기 위해 자녀들은 부모의 신뢰와 지도가 필요하다. 그 과정에서 수치심과 죄책감을 선불리 자극해서는 안 된다. 그뿐 아니라 야단을 치는 것 또한 아이들이 결과에 대한 책임을 인식하고 자신의 행동에 책임지는 태도를 기르는 데 그다지 도움이 되지 않는다.

긍정적이고 존중하는 태도로 사랑을 쏟아부으며 바람직한 행동을 강화하는 방향으로 자극을 준다면, 대부분의 아이들은 자신이 한 행동에는 언제나 책임감이 따른다는 사실을 이해하게 된다. 그리고 원인과 결과의 본질을 이해하게 되면서 더 책임감 있는 사람이 된다. 아이들은 자신이 한 행동과 그에 따른 결과의 상호관계를 깨닫고 상황을 바로잡고 싶어 한다. 앞을 내다보고 가능한 결과를 예상하는 능력을 키우는 데는 오랜 시간이 걸린다. 여기에는 온 가족의 인내심이 필요하다.

아이들은 성장하면서 옳고 그름에 대한 자신들의 내면적인 가치관을 확립하며 뭔가 잘못됐을 때 그것이 자신들의 행동에서 비롯된 것이라는 사실을 이해할 수 있게 된다. 이런 아이들은 다른 사람들의 감정을 존중하며 자기 실수나 잘못에 대해 진심으로 사과하고 용서를 구할 수 있다. 이것은 수치심이나 죄책감을 갖게 만드는 것이 아니라 실수했을 때 사과하고 용서받으며 잘못을 고치려 노력하는 소중한 교훈을 배우는 긍정적인 순환을 만들어 준다.

격려를 받으며 자라는 아이들은
자신감을 배운다

If children live with encouragement,
they learn confidence.

격려라는 단어의 의미는 '마음을 주는 것'이다. 아이들을 격려할 때 우리 마음에서 아이들의 마음으로 용기가 전해진다. 아이들이 홀로서기를 하는 데 필요한 능력과 자신감을 키워 나가는 동안 아이들을 도와주고 지원해 주는 것은 부모의 사명이다. 그러나 이것은 지극히 세심한 주의가 필요한 매우 까다로운 임무다. 자녀의 일에 개입해 도움을 줘야 할 때와 뒤로 물러나서 지켜봐야 할 때가 언제인지를 아는 것, 칭찬할 때와 건설적인 비판을 해줘야 할 때가 언제인지를 구분하는 것은 정해진 공식이 아니라 절묘한 예술이다.

아이들은 우리의 도움이 필요하다. 그러나 한편으로는 자신들이 다양한 능력을 키우고 기량을 익히는 과정에서 얼마나 발전했는지 우리가 솔직하게 평가하고 인정해 주기를 바란다. 아이들이 앞으로 나아갈 때뿐 아니라 뒷걸음치거나 주춤하고 있을 때도 도움이 필요하다. 자신들이 생각하고 있는 것보다 더 잘해낼 수 있다는 부모의 격려를 원하며 자신들의 한계를 넘고 지평을 확대해 나가기 위해 우리의 도움을 원한다. 이와 동시에 아이들은 실패했을 때라도 우리가 늘 자신의 편이라는 사실을 알고 있어야 한다.

이 모든 임무를 수행해 내려면 우리는 아이들 각자의 특별한 필요와 재능 그리고 욕구에 세심한 관심과 주의를 기울여야 한다. 아이들 개개인의 차이점, 즉 이 아이는 실망이나 심리적인 동요에 어떻게 대처하는지, 한 가지 일에 얼마나 오래 집중할 수 있는지, 더 많은 도움과 지도가 필요한 아이는 누구이며 혼자 하게 내버려 둘 때 더 잘해내는 아이는 누구인지 파악해야 한다. 이는 각각의 아이들이 자신들의 목표에 도달하기 위해 도움을 주고 이끌어주는 핵심 비결이다.

격려에는 다양한 방법이 있다

잘한 일에는 자연스럽게 칭찬을 하게 된다. 하지만 아이들이 목표를 향해 매진할 때 아무리 작은 것이라도 발전하고 변화하는 모습을 보인다면 그것을 인정해 주고 칭찬해 주는 것도 매우 중요하다.

세 살밖에 안 된 사만다에게 갓난아기인 남동생에게 언제나 다정하게 대하라고 하는 것은 어려운 요구다. 하지만 사만다가 마음에서 우러나와 동생의 손을 다정하게 쓰다듬거나 차를 타고 가는 동안 동생을 웃기려고 애를 쓴다면, 아이의 사려 깊은 마음을 칭찬하고 인정해 줘야 한다. "와! 누나가 동생을 즐겁게 해 주는구나!"라고 엄마가 칭찬해 주면 사만다 또한 기분이 좋아지고 뿌듯함도 느낄 것이다.

또한 아이들이 자신의 목표에 도달하도록 도와주고 격려해 줘야 한다. 그렇게 하는 데는 여러 가지 방법이 있다. 상황에 따라 아이들이 감당하기 힘든 상황이 되기 전에 미리 나서서 도움을 주는 게 나을 수도 있고, 아이들 스스로 자신의 문제를 해결할 수 있도록 지켜봐 주는 것이 나을 수도 있다. 아이들이 스스로 문제를 해결하도록 내버려 둘 때라도 상냥하게 몇 마디 다정한 말을 해 주거나 등을 두드려 주거나 시기적절한 조언을 해줄 수 있다. 아이들이 좌절감에 빠져 있을 때 목표로 세운 일 중에서 달성하지 못한 부분보다는 그때까지 이룬 성과나 그들이 시도했던 일이 얼마나 어려운 것이었는지에 중점을 둬야 한다.

나단은 블록으로 탑을 쌓아올리고 있었다. 나단은 매우 멋지고 복잡한 구조로 만들었지만 탑의 구조가 불안정해서 곧 무너지고 말았다. 탑이 무너지자 나단은 너무 속상해서 울음을 터뜨리고 말았다. 다행히도 아빠가 옆에 있어서 나단을 격려해 줬다.

"아빠는 네가 정말 높은 탑을 쌓은 걸 봤어. 거의 네 키만큼이나 높게 쌓

앉더라. 아빠가 새로 탑 쌓는 걸 도와줄까?"

둘이 함께 새로운 탑을 쌓으면서 아빠는 나단에게 탑의 구조를 더 튼튼하게 만들 수 있는 몇 가지 요령을 가르쳐 줬다. 나단은 조금 전 탑을 높게 쌓았던 자신의 시도를 아빠가 인정해 주고 칭찬해 줘서 기분이 좋았고 앞으로 더 멋진 탑을 쌓을 수 있는 새로운 방법까지 배울 수 있어 만족했다.

아이들을 격려해 주는 것은 단순한 칭찬보다 더 많은 노력이 필요하다.

수지는 살렘 마녀 재판에 대한 역사 과제를 하는 중이었다. 수지의 아빠는 수지가 시간을 들여 열심히 다양한 자료를 모은 것에 흐뭇해했다. 하지만 수지는 자료를 너무 많이 모은 나머지, 오히려 어찌할 바를 모르고 있었다. 과제 마감은 이틀 뒤였는데 자료를 모으는 데 너무 많은 시간을 보내 버려 실제로 그것을 읽고 검토할 시간이 부족했다.

"와, 조사를 정말 많이 했구나. 자료도 많이 모은 것 같은데?"

아빠가 말했다.

"네, 맞아요. 자료가 너무 많아서 과제 제출 전까지 다 읽지도 못하게 생겼어요."

수지가 대답했다.

"이 자료 중에서 네가 반드시 인용할 자료는 뭐니?"

아빠가 물었다.

"우선 그런 자료를 먼저 추려내서 집중적으로 읽고 난 다음에 시간이 남으면 다른 자료들도 검토하는 게 어떨까?"

수지는 솔깃한 표정으로 아빠를 올려다봤다. 아빠는 수지가 머릿속으로 이 제안을 검토하고 있는 것을 알 수 있었다.

"이 책 세 권이 가장 중요해요."

수지는 들뜬 목소리로 말했다.

"다른 자료들은 일단 제쳐 둬야겠어요."

아빠는 수지가 과제 작성에 어려움을 겪고 있다는 사실을 알아차렸다. 그리고 수지가 해결 방법을 찾을 수 있도록 도와줬기 때문에 딸이 마음을 진정시키고 제 시간 안에 과제물을 완성할 수 있도록 이끌 수 있었다. 이런 식의 도움은 기계적으로 "잘했구나." 하고 칭찬을 하는 것과는 비교할 수 없을 만큼 의미 있는 것이다.

우리가 빠지는 함정

아이들을 격려한다는 것이 쉬운 것은 아니다. 아이들이 어릴 때는 스스로 할 수 있도록 내버려 두는 것이 그 일을 대신 해주는 것보다 훨씬 더 시간이 걸린다. 아이들이 자라면 시간이 문제가 아니라 노력이 문제가 된다. 아이들에게 무엇을 하라고 잔소리하며 피곤하게 쫓아다니는 것보다 그냥 우리가 해버리는 것이 더 쉬울 수도 있다. 하지만 아이들이 해야 할 일을 대신 해주는 함정에 빠져서는 안 된다. 아이들이 자신의 나이와 능력에 맞게 일상적인 일에 책임을 지고 참여하는 것은 매우 중요하다. 그리고 아이들이 그렇게 하도록 격려하는 것이 우리가 할 일이다.

베리는 신발 끈 묶는 법을 배우고 있다. 네 살짜리가 신발 끈을 묶는 것은 쉽지 않은 일이다. 엄마는 베리가 신발 끈 묶는 것을 지켜보면서 점점 안달이 났다. 약속 시간이 훌쩍 지나고 있었다. 엄마는 '신발 끈이 없는 찍찍이 운동화를 사줄 걸.'하고 후회하고 있었다.

"자, 엄마가 도와줄게."

엄마가 베리의 손을 밀어내고 재빨리 신발 끈을 매줬다. 엄마가 하도 빨리 손을 움직여서 베리는 끈을 어떻게 묶었는지 볼 수가 없었다. 베리는 자기가 직접 신발 끈을 묶고 싶어서 엄마가 매어 놓은 신발 끈을 잡아당겨 풀어버리고 다시 묶기 시작했다. 이제 약속에 더 늦었고 엄마와 베리는 둘 다 짜증이 났다. 게다가 아직도 신발 끈을 매지 못했다.

아이들이 혼자 옷 입는 법, 이 닦는 법, 자기 방을 정리하는 법 등에 숙달되기까지에는 오랜 시간이 걸린다는 것을 염두에 두고, 아이들을 재촉하거나 서두르는 상황이 없도록 일정을 최대한 여유 있게 계획해야 한다.

그러나 부모는 항상 시간에 쫓기고 있기 때문에 늘 이런 식으로 여유 있게 계획을 세우는 것이 불가능하다. 이것은 각자가 알아서

결정할 문제다. 하지만 그 결정을 내리기 전에 다음과 같은 사실이 자녀에게 얼마나 중요한지 신중하게 생각해 보길 바란다.

당신의 자녀는 스스로 해야 할 일을 제대로 해내기 위해 연습할 시간이 필요하다. 그리고 자기가 그 일을 빠르게 해내지 못한다고 부끄러워하거나 좌절감을 느끼는 것이 아니라 자신이 해낸 결과에 대해 자부심과 자신감을 느껴야 한다.

우리가 빠질 수 있는 또 다른 함정은 자녀들이 패배감이나 실망감을 느끼거나 상처를 받지 않도록 보호하려는 나머지, 자신도 모르게 자녀가 새로운 일을 시도하려는 의지를 꺾어버리는 것이다. 물론 아이들이 상처받기를 원하지 않지만 위험을 무릅쓰고 새로운 시도를 해보도록 기회를 줘야 한다.

에디는 6학년 반장 선거에 출마하기로 결심했다. 어느 날 밤, 에디가 잠든 후에 엄마 아빠는 다가오는 반장 선거에 대해 이야기를 나누었다.

"선거에서 당선되지 못하면 상처를 많이 받을 거예요. 아예 처음부터 출마하라고 부추기지 말했어야 했는데……."

에디의 엄마는 걱정스러웠지만 아빠는 웃으며 말했다.

"에디는 괜찮을 거야. 이번 선거는 에디에게 좋은 경험이 될 거야."

"반장이 되지 못해도 말이에요?"

엄마가 물었다.

"그렇다면 더더욱 소중한 경험이 되겠지."

아빠가 옳다. 에디는 결과와 상관없이, 선거라는 경험을 통해 더 강하게 성장할 것이다. 선거에서 당선된다면 자신감을 얻을 것이다. 그리고 선거에서 떨어진다면 적어도 자기가 목표를 실현하기 위해 최선을 다해 노력했다는 사실에 보람을 느낄 것이다. 엄마는 아들의 보호자 역할에서 벗어나 아들이 성장할 수 있도록 격려해주는 지지자 역할을 해야 한다. 설령 성장을 위한 도전의 결과가 두 사람 모두에게 고통스러운 것일지라도 말이다.

자녀 양육의 또 다른 함정은 "그냥 한번 해봐."라는 말에 담겨 있다. 뭔가 새로운 시도, 예를 들면 아이가 먹지 않으려 하는 야채 먹기 등을 비롯해 하기 싫어하는 일을 해 보라고 격려할 때 그 말 속에 의도치 않은 메시지를 전달하고 있는지도 모른다. '한번 시도해 보고 말아도 그만'이라는 식으로 말이다. 하기 싫은 일에서 도망칠 구멍만 찾는 아이에게는 "벌써 한번 해봤어."라는 말이 할 일을 끝내지 않고 도중에서 그만둘 변명거리가 될 수도 있다.

아이들이 어려운 상황에 직면했을 때는 아이들에게 기대하는 바가 무엇인지에 대해 이야기하기보다는 아이들이 가진 잠재력에 초점을 맞추는 것이 바람직하다. 자녀에게 "네가 할 수 있는 한 최선을 다해봐."라고 격려해 줄 때 자녀는 중압감을 느끼지 않고도 부모가 원하는 것이 어떤 것인지 알 수 있다. 자녀에게 최선을 다하라고 말하는 것은 아이의 능력을 믿고 있다는 표현이며 아이가 목표를 달성할 수 있도록 길을 열어주는 것이다.

아이들의 꿈

아이들은 원대한 꿈을 꾸고, 그 꿈속에서는 무엇이든 가능하다. 그러나 꿈을 실현하기 위해서는 언제나 엄청난 노력이 필요하다는 사실을 배우는 것은 성장 과정의 중요한 부분이다. 그리고 우리는 아이들이 꿈을 이루어 나가는 과정에 용기를 북돋아주고 고무시켜 주어 '꿈꾸는 능력'을 잃어버리지 않게 해야 한다. 그들은 한계를 모르며 두려움도 없다. 아이들의 꿈 중 어떤 것은 우리 눈에 대수롭지 않게 보일 수도 있다.

"올해는 나도 크리스마스 트리를 장식하는 걸 도울 거야. 그리고 내가 트리 꼭대기에 별을 달 거야."

사샤가 말했다. 세 살인 사샤는 이제 아기에서 어린이로 성장하고 있으며 가족 행사에 더 많이 참여하고 싶어 한다. 사샤는 트리 꼭대기에 손이 닿지 않지만 아빠가 안아 올려준다면 충분히 별을 달 수 있을 것이다.

"멋진 생각이야, 사샤!"

엄마가 말했다.

엄마는 사샤가 트리에 별을 달려면 도움이 필요할 거라는 사실이 아니라 딸의 소망에 초점을 맞췄다. 이 경험을 통해 사샤는 엄마 아빠가 자신의 꿈을 소중히 여기고 꿈을 이룰 수 있도록 도와줄 것이라는 사실을 배웠다.

어떤 아이들의 꿈은 훨씬 더 원대하다. 아이들의 꿈이 모두 현실적인 것은 아니라는 사실을 우리는 알고 있다. 그렇다면 어떤 꿈은 격려하고 어떤 꿈은 포기하도록 설득해야 할지 어떻게 판단할 수 있을까?

트레비스는 가수가 되고 싶었다. 하지만 음악교육을 받은 적도 없고 음정도 잘 맞추지 못했다. 그런데도 아빠는 트레비스의 계획에 진지하게 귀를 기울여 줬고, 누가 봐도 분명한 '자질 부족'에 대해서는 아무 말도 하지 않았다. 아빠는 아들을 믿고 또 자기가 좋아하는 일을 하는 것이 무엇보다 중요하다고 믿었기에 트레비스의 꿈을 격려했다. 졸업 후 트레비스는 로스앤젤레스로 가서 랩 음악의 가사를 쓰다가 어떤 그룹을 알게 됐고 함께 음반을 발매했다.

트레비스는 마침내 자신의 꿈을 실현하는 데 성공했지만 흔히 말하는 것처럼 '찢어지게 가난한 예술가'로 살아가는 것이 결코 쉬운 일이 아닐 것이다. 어쩌면 음악을 포기하고 다른 직업을 가질지도 모른다. 하지만 그렇게 된다 할지라도 중요한 것은 그가 꿈을 가지고 있었고 그 꿈에 도전하도록 아버지가 격려해 줬다는 사실이다. 나머지 인생 동안 트레비스가 무슨 일을 하든지, 그는 꿈을 이루기 위해 자신의 모든 것을 던져 최선을 다해 봤다는 사실을 기억할 것이다. 이런 노력을 해 봤기 때문에 후회나 미련 없이 자신의 삶을 충실히 살아갈 것이다.

아이의 전부를 격려하라

아이들이 자립심을 키우도록 도와주는 것은 단순한 격려에서 그치는 것이 아니다. 아이들이 내면의 어떤 자질을 발달시켜 나가고 있는지 생각해 봐야 한다. 아이가 칭찬할 만한 자질을 보일 때, 우리가 그 자질을 알아채고 높이 평가하고 있다는 사실을 알게 해야 한다. 부모의 격려는 아이들의 학교생활에서는 물론이고 훗날 사회생활을 할 때도 필요한 긍정적인 자아상을 형성하는 데 도움이 된다. 아이들을 지원하는 환경을 만들고, 배우고 성장할 수 있는 안전한 가정을 만들어 준다면 아이들은 자신에게 잠재된 가능성을 최대한 발휘할 수 있다.

아이들이 자신들의 삶에서 성취하고자 하는 것을 지원해 줌으로써 아이들을 격려해 줄 수 있다. 그 과정에서 아이들에게 적절한 제안을 해주거나 방향을 제시해 이끌어줄 수도 있다. 하지만 언제나 아이들의 자율성을 존중해야 하며 스스로 선택할 수 있는 권리를 존중해야 한다.

우리가 할 일은 아이들의 실패와 성공을 함께해주고 아이들이 경험을 통해 더 많은 것을 배우고 그 결과에 상관없이 자신감을 얻게 될 것임을 믿어주는 것이다. 설령 아이들의 꿈을 완전히 이해하지 못할 때라도 그 꿈을 믿어줘야 한다. 또한 자녀들을 믿어야 하며 특히 자녀들이 스스로 믿음을 잃었을 때 더욱 굳건히 믿어 줘야 한다. 아이들의 꿈, 장점 그리고 내면의 자질에 대한 진심어린 격려는 아이들이 자신감을 가지고 세상과 맞서 살아갈 수 있는 성인으로 자랄 수 있도록 도와준다.

관용 속에서 자라는 아이들은
인내심을 배운다

If children live with tolerance,
they learn patience.

인내심에는 관용이 필요하다. 관용은 현재 일어나고 있는 일을 그저 어쩔 수 없이 '참아주는' 것이 아니라 적극적으로 받아들이는 것을 의미한다. 바꿀 수 없는 일은 받아들이고, 나쁜 상황은 불평하는 대신 주어진 상황에서 최선의 결과를 이끌어 내기 위해 노력한다면 우리는 아마 그 결과에 깜짝 놀랄지도 모른다. 긍정적인 태도는 어려운 상황을 더 잘 대처하게 해줄 뿐 아니라 실제로 결과를 바꿔놓을 수도 있다.

케이샤는 4학년이 시작되기 불과 며칠 전에 다리가 부러졌다. 다른 아이들이 방학을 마치고 학교로 모이는 동안 케이샤는 다리에 깁스를 한 채 집 소파 위에서 누워 지내야 했다. 케이샤는 충분히 비참한 기분을 느낄 만했고 외로워하며 짜증을 낼 수도 있었다. 반면 일어난 일을 그대로 받아들이고 이 상황을 창의적으로 잘 극복할 수도 있었다. 케이샤는 엄마의 도움으로 깁스에 친구들의 사인을 받는 파티를 열기로 결정했다. 친한 친구 몇 명이 방과후에 케이샤를 찾아와 석고에 알록달록한 낙서로 장식을 해주고, 함께 초콜릿 케이크를 먹고 레몬에이드를 마시며 수다를 떨었다.

케이샤는 갑작스럽게 일어난 불행한 일을 받아들이고 의기소침해 있지 않겠다고 결심함으로써, 그 상황을 친구들과 자신에게 소중한 기억으로 남을 수 있는 멋진 시간으로 바꿨다.

기다림에 대처하는 다양한 방법

인내심을 갖고 기다리는 것은 어른에게도 쉽지 않은 일이다. 그런데 어린아이들이 기다리는 일은 더 어렵다. 아이들은 다른 사람들이 어떻게 생각하는지 의식하지 않기 때문에 때로 초조하고 짜증스러운 기분을 노골적으로 표현한다. 게다가 시간에 대한 이해가 부족해서 뭔가를 하기 위해 기다려야 한다는 것을 받아들이고 참아내는 것은 더더욱 어렵다.

"얼마나 더 기다려야 해?", "우리 이제 가도 돼?", "이제 다 왔어?", "그때가 언제야?" 이런 질문은 어린아이들에게 기다림이 얼마나 힘든지뿐만 아니라 시간의 흐름에 대한 개념을 이해하는 것도 어려운 일이라는 것을 보여준다.

일상생활에서 아이들에게 인내심을 가지고 기다리는 법을 가르쳐 줄 기회는 많다. "나 배고파!" 아이가 참지 못하고 소리친다. 아이를 위해 음식을 준비하는 동안 파스타를 먹기 위해서는 면을 먼저 익혀야 하고, 채소를 썰어야 한다는 사실을 설명해줄 수 있다. "얼음 주세요!"라고 아이가 요구한다면 아이에게 얼음 얼리는 틀을 보여 주고 물이 얼려면 시간이 걸린다는 사실을 설명해 줌으로써, 과학적인 지식도 알려줄 수 있다.

아이들이 기다리지 못해 안달내고 짜증을 부릴 때 귀를 기울여 주고 기다린다는 것이 얼마나 힘든 일인지를 어른들도 이해하고 있음을 알려줄 수 있다. 또 어떤 일은 시간이 걸리고 필요한 단계를 거치는 동안 인내심을 가지고 참는 법을 배워야 한다고 설명해줄 수 있다.

대형 마트에서 줄을 서서 기다리는 것이나 오랜 시간 차를 타고 이동하는 것은 특히 아이들이 견디기 힘든 상황들이다. 하지만 이런 상황들도 기다리는 법을 가르칠 수 있는 소중한 기회다. 기다리는 시간을 즐겁고 유익하게 보낼 수 있는 방법을 알려준다면 도움이 될 수 있다.

예를 들어 줄을 서서 기다리는 동안 그동안 나누지 못했던 학교생활이나 최근의 활동에 대해 대화를 나눌 수 있다. 또 차를 타고 가는 동안 함께 할 게임을 가져간다든지 새로운 놀이를 고안해 낸다면 훨씬 더 즐겁게 시간을 보낼 수 있다. 아주 어린 아이라 할지라도 뭔가 흥미로운 것을 한다면 즐겁게 시간을 보내며 기다릴 수 있다. 예를 들어 지나가면서 보이는 트럭이 전부 몇 대인지, 빨간 차는 몇 대인지 아니면 하얀 집은 몇 채인지를 세 보는 것처럼 말이다.

아이들에게 힘든 일은 단지 '짜증나는 기다림'만이 아니다. 아이들에게는 즐거운 일을 기다리는 것 또한 힘든 일이다. 아이들에게는 방학이 가장 손꼽아 기다리는 중요 행사다. 이렇게 특별한 날을 기다리는 과정에서 시간의 흐름과 하루, 일주일, 한 달 등의 시간 단위에 대해 많은 것을 배울 수 있다. 우리는 아이들이 기다리는 시간을 즐기면서 뭔가를 배울 수 있도록 도와줄 수 있다.

함께 달력을 들여다 보면서 날짜를 세 보는 것은 시간의 흐름을 시각적으로 이해할 수 있게 해줄 뿐 아니라, 시간 단위의 상대적인 길이에 대한 기초적인 이해를 도와줄 것이다. 학교에 입학하지 않은 아이들은 자기만의 특별한 달력을 만들어 주고 아이들이 기다리는 특별한 날을 스티커로 표시해 준다면 지루하지 않게 기다릴 수 있을 것이다.

그 날이 점점 다가오면 그날을 더욱 뜻깊게 만들 만한 준비, 예를 들면 크리스마스 트리를 장식하거나 특별한 케이크나 쿠키를 굽고, 생일 선물을 만드는 등 여러 가지 활동을 할 수도 있다.

의연하게 기다리기

만일 우리가 일상생활에서 사소한 일이나 성가신 일에 쉽게 벌컥 화를 낸다면 자녀들에게 인내하는 자세를 가르치기 어렵다. 참기 힘든 상황에서도 침착성을 유지하면서 참는 것이 늘 쉬운 것만은 아니지만, 아이들에게 모범을 보여주기 위해 이런 일상적인 난관에 의연하게 대처하려고 노력하는 것은 매우 중요하다.

집으로 돌아가는 길, 아빠와 에릭은 심한 교통체증에 시달리고 있었다. 차가 거의 움직이지 않고 멈춰 서 있는 와중에 몇몇 운전자는 차선을 이리저리 바꾸며 조금이라도 빨리 가려고 애쓰고 있었다.

"아빠, 왜 저기로 끼어들지 않아? 저쪽 차선이 더 빨리 가는데……."

에릭은 아빠를 재촉했다. 아빠는 이 상황을 아들에게 올바른 관점을 심어줄 기회로 삼기로 했다.

"차선을 바꾸는 건 그다지 소용이 없어."

아빠가 말했다.

"차선을 이리저리 바꾸며 끼어들면 사고가 날 가능성이 높단다. 그리고, 그러다 보면 길이 막혀서 아무도 빨리 움직일 수가 없지. 그러니까 그냥 마음 편하게 기다리는 게 나아."

아빠는 아들에게 짜증스러운 상황에서도 마음을 편하게 갖고 느긋하게 받아들이라고 가르쳤다. 아빠는 그저 침착하게 기다리는 것뿐 아니라 더 많은 일을 한 셈이다. 달리 어떻게 해볼 수 있는 상황이 아니라면 참을성을 가지고 기다리는 것이 오히려 현명하다는 사실을 아들에게 논리적으로 가르쳐 줬다. 말할 나위 없이 아빠의 이런 태도는 짜증스럽게 경적을 울리고 다른 운전자들에게 고함을 지르며 불평하는 것보다 훨씬 현명하고 유익하다.

살아가는 동안 인내심을 가지고 기다리기 힘든 순간들은 있게 마련이다. 아기의 탄생을 기다릴 때, 가족 중 누군가가 수술을 받을 때, 새로운 직장의 면접 결과를 기다릴 때 등등. 이런 상황은 인생을 바꿀 수도 있는 중요하고 심각한 사건들이다. 그러나 이런 순간 역시 삶의 일부이며 그런 순간에 대처하는 우리 태도는 장차 자녀들이 긴장되고 힘든 순간을 맞이하게 될 때 본보기가 될 것이다.

혼란에 빠져 있을 때 침착함을 유지하고 정신적으로 여유를 가지는 모습은 아이들에게 물려줄 수 있는 값진 선물이다. 위기의 순간이 닥칠지라도 자신에게 초점을 맞추고 장차 어떤 일이 일어나더라도 그 상황을 대비하여 힘을 비축하는 기회로 삼을 수 있다. 언제 어느 때라도 아주 짧은 '조용한 명상의 시간'을 가질 수 있다. 가능하다면 눈을 감고 아주 천천히 심호흡을 몇 번 하라. 이런 호흡법은 간단하지만 우리의 내면에 잠재된 힘을 아주 빠르게 이끌어내는 데 도움이 된다.

긴장된 상황에 놓였을 때 그 상황을 견딜 수 있는 또 다른 비법은 스스로에게 자문하는 것이다. "이 상황에서 필요한 것은 무엇인가?

이 상황에서 내가 할 수 있는 일은 무엇인가? 어떻게 하면 좀 더 쉽게 이 기다림의 시간을 견딜 수 있을까?" 이 같은 질문에 스스로 대답해 봄으로써 근심걱정에서 벗어나 다른 것에 몰두할 수 있을 뿐 아니라, 우리 주변의 사람들을 도와줄 수 있는 행동을 할 수 있다.

내가 아는 어떤 부인은 병원에서 조직검사를 받고 집에 돌아와 결과를 기다리면서 온 집안의 창문을 닦기로 결심했다. "땀을 흘리며 열심히 몸을 움직이니까 마음속에서 두려움을 몰아낼 수 있었어요. 게다가 창을 다 닦고 나니까 유리창이 반짝반짝하고 햇살이 더 잘 비쳐서 집안 분위기가 환해졌어요."

대자연으로부터 인내심 배우기

아이들에게 시간의 경과에 대해 가르치는 가장 좋은 방법은 식물을 기르게 하는 것이다. 조그만 식물을 보살피고 가꾸면서 새로운 싹이 움트기를 기다리는 일은 아이들이 시간의 경과를 이해하는 데 큰 도움이 된다. 하나의 생명체가 세상에 태어나는 것은 흥미롭고 신비한 사건이며 생명이 성장하는 데는 시간이 걸린다는 사실과 자연은 어느 한 순간에 이뤄지는 것이 아니라 순리대로 움직인다는 사실을 배울 수 있다.

1학년인 토미의 반에서는 토마토를 키우고 있다. 토미는 매일 학교에서 돌아와 엄마에게 토마토가 얼마나 자랐는지, 누가 토마토에 물을 주는 당번인지를 알려줬다. 하루는 토미가 신이 나서 엄마에게 이렇게 말했다.

"우리가 토마토에 버팀목을 세웠어요. 토마토가 쓰러지지 않게 말이에요."

엄마는 토미의 말을 듣고는 있었지만 해야 할 일들을 생각하느라 마음은 딴 데 있었다.

"토마토는 언제쯤 열릴 것 같니?"

토미는 열매가 아니라 토마토가 자라는 것에 대해 관심이 쏠려 있었기 때문에 엄마의 이런 질문에 말문이 막혔다.

"토마토가 열매를 맺을 준비가 되면 열리겠지, 뭐."

토미가 대답했다.

그 순간 토미의 엄마는 자기가 딴 데 정신을 파는 바람에 아들과의 대화에서 엉뚱한 질문을 던졌다는 사실을 깨달았다. 토미는 토마토가 하루하루 자라는 것에 관심을 뒀고 그 과정에서 일어나는 아주 작은 변화도 관찰하고 있었다. 물론 토미도 언젠가는 토마토가 열릴 거라는 사실을 알고 있었다. 하지만 토미는 열매에 관심이 있는 것이 아니었다. 토마토가 성장해 가는 과정 자체를 보며 즐거워하고 있었다.

"토마토가 어떻게 자라는지 열심히 배우고 있다니 정말 멋지구나."

엄마가 토미에게 말했다.

"매일매일 토마토가 자라면서 바뀌는 걸 보는 게 너무 신나지 않니?"

토미는 엄마를 보며 미소를 지었다. 어쨌든 엄마가 자신의 마음을 이해하고 있다는 사실에 안도감과 행복을 느꼈다.

차이점 인정하기

우리는 종종 인종, 종교 또는 문화적인 차이를 논의할 때 '관용'이라는 단어를 사용한다. 가족이나 이웃과의 관계에서 타인을 대하는 태도를 통해 인간의 다양성에 대한 우리 생각이 관용적인가 그렇지 못한가가 드러난다. 다른 사람들과 직접적인 관계를 맺는 과정에서뿐 아니라 당사자가 없는 자리에서 그 사람에 대해 이야기하는 태도에서도 드러난다. 자녀들은 어른들의 말속에 담긴 지극히 미묘한 뉘앙스까지도 알아차린다. 그리고 우리말에 내포된 의미를 완전히 이해하지는 못할지라도 우리 태도를 눈치 채고 우리의 행동을 그대로 따라한다.

마이클의 5학년 담임선생님은 마이클과 피부색이 달랐다. 그리고 마이클의 엄마는 평소와는 다르게 아들에게 선생님에 대해 훨씬 많은 질문을 던졌다.

"새로운 선생님은 어떤 것 같아? 그 선생님은 어떤 책을 추천하셨어? 어떤 애들을 특별히 더 예뻐하지는 않니?"

마이클은 엄마가 왜 담임선생님에 대해 그렇게 꼬치꼬치 캐묻는지 이해할 수 없었다. 하지만 최대한 엄마에게 자세히 설명해 주려고 노력했다.

"선생님이 게시판을 우리 마음대로 꾸며도 좋다고 했어요. 그리고 쉬는 시간엔 우리랑 같이 운동장에 나와서 놀아주세요."

이 대답은 엄마를 만족시키지 못한 듯했다. 엄마는 계속 집요하게 물었다.

"그 선생님이 좋은 선생님 같아? 다른 반으로 옮기고 싶지는 않니?"

마이클은 이제 혼란스러워졌다. 처음에는 새로운 선생님이 좋았지만 이제는 어떤지 확신이 서지 않았다. 다음 날 마이클은 조금 달라진 태도로 교실에 들어섰다. 어쩌면 새 담임선생님은 반에서 몇몇 애들만 예뻐하고 있는지도 몰랐다. 그리고 선생님이 예뻐하는 아이가 확실히 마이클은 아닌 게 분명했다. 마이클은 쓸데없는 문제로 고민하기 시작했다.

만약 우리가 마이클의 엄마에게 다른 인종에 대해 편견이 없냐고 물어본다면 엄마는 아마도 "네, 물론이죠."라고 대답할 것이다. 그러나 그녀는 자기 아들에게 분명히 자신의 대답과는 다른 메시지를 전달하고 있다. 우리 자녀들은 지구촌이라는 운명공동체 속에서 성장하고 있다. 이것은 살아가는 데 불가피한 현실이다. 아이들은 다양한 피부색, 문화, 종교를 가진 사람들을 인정하고 그들과 함께 어울려 살아가야 한다. 우리는 아이들에게 수용과 관용의 본보기를 보이고 자신과 다른 사람들과의 차이를 인정하고 존중하면서 즐거운 마음으로 어울릴 수 있도록 가르쳐야 한다.

가정의 화목

가정은 아이들이 공동체 속에서 함께 살아가고 일하는 최초의 경험을 제공한다. 가족 안에서도 누군가는 기뻐하는 일이 누군가에게는 화나는 일이 될 수도 있다. 서로 존중하는 태도와 차이점을 수용하고 인정하는 태도를 배우기까지 많은 시간과 인내심이 필요하다.

그러나 그런 차이점을 받아들이고 함께 협력해 나가는 과정을 통해서 우리는 한 가족의 일원으로 생활할 때 느낄 수 있는 진정한 즐거움과 행복을 누릴 수 있다.

좋은 부모가 되기 위해 필요한 인내심은 상상을 초월한다. 자녀들이 끊임없이 부모에게 도전하는 것은 지극히 자연스러운 일이다. 부모는 여러 가지 일을 하느라 피곤하고 지친 상태에서 자녀들의 그런 끊임없는 도전을 너그럽게 참고 인내하기가 쉽지 않기 때문에 엄청난 노력이 필요하다. '이 세상의 모든 일 중 가장 힘든 일이 부모노릇'이라고 사람들이 말하는 데는 다 이유가 있다! 하지만 자녀를 키우는 일은 이 세상에서 가장 보람된 일이기도 하다. 우리가 이 보람이라는 보상에서 눈을 떼지 않으면 힘든 순간들을 훨씬 쉽게 견뎌낼 수 있다.

물론 인내심을 잃어버리는 순간도 있지만 우리는 자제력을 회복할 수 있다. 하루에도 몇 번씩 인내심을 잃고 아이들에게 짜증 부린 것에 대해 사과해야 할 때도 있다. 다행스럽게도 아이들은 대단히 너그럽다. 아이들은 신발 끈을 묶거나 자기 차례를 얌전히 기다리는 것에는 인내심이 없을 수 있다. 하지만 진심으로 최선을 다해 노력하는 부모에게는 아이들은 놀랄 만큼 큰 아량을 보인다. 우리는 아이들이 인생을 살아가면서 힘들고 속상한 일을 만나도 침착성을 잃지 않고 의연하게 대처하고 극복할 수 있는 능력을 기르기를 바란다.

참을성을 가지고 아이들을 대할 수 있는 내면의 평정심을 유지한다면, 설령 힘겨운 일상에 시달리더라도 그것에 짓눌리지 않는 행복한 가정을 만들어갈 수 있다. 일상의 분주함 속에서도 다른 이들에 대한 관용과 배려로 즐겁게 어울려 지낼 수 있는 가정은 자녀들이 앞으로 일생 동안 의지할 수 있는 힘이 될 것이다.

칭찬을 받으며 자라는 아이들은
남을 인정하는 법을 배운다

If children live with praise,
they learn appreciation.

칭찬은 우리의 사랑을 표현하는 방법 중 하나다. 칭찬 한마디는 아이에게 격려가 돼 자신이 진심으로 사랑받는 소중한 존재라고 느끼게 해준다. 칭찬은 아이들의 자의식을 발달시킬 뿐 아니라 현재의 모습을 인정하고 미래의 모습까지 받아들일 수 있게 도와준다. 아이들이 이뤄낸 성과는 물론이고 새로 시도하고 도전한 일에 대해서도 칭찬해주는 것은 부모가 해야 할 가장 중요한 일 중 하나다. 그러므로 우리는 칭찬을 아끼지 말아야 한다. 칭찬은 아무리 많이 해도 지나치지 않다.

아이들에게 베푸는 칭찬을 아이들은 평생 기억하고, 일생 동안 모든 면에서 긍정적인 에너지를 발휘할 것이다. 칭찬은 아이들이 성장하면서 어려움을 겪을 때마다 꺼내 쓸 수 있는 자신감과 용기가 된다. 그리고 살면서 직면할 모든 일에 긍정적인 태도를 갖고 인생을 즐기며, 건강한 인간관계를 맺을 수 있는 사람으로 성장하게 된다. 칭찬을 받으며 자란 아이는 어느 장소, 어떤 모임에서든 함께 있고 싶은 사람, 함께 있으면 기분 좋은 사람으로 성장할 것이다.

칭찬받아 마땅한 일

아이들은 칭찬 받을 때 인정받는 것이 어떤 의미인지를 배운다. 모든 아이는 스스로 가치 있는 사람이라고 느낄 자격이 있고 아이들이 자존감을 꽃피우도록 격려하는 것이 부모의 책임이다. 칭찬을 착한 행동에 대한 대가로만 제공해서는 안 된다. 아이들은 부모에게 인정받기 위해 늘 자신의 가치를 증명해 보일 필요가 없다. 부모의 과제 중 하나는 각각의 아이들이 지닌 독특한 개성에서 미묘한 차이점을 세심하게 관찰하고 아이들이 스스로 훌륭한 자질을 발전시켜 나가도록 칭찬해주는 것이다.

어느 날 라이언의 가족은 공원으로 소풍을 갔다. 아이들은 배드민턴을 치기로 했다. 이리저리 뛰어다니며 라켓을 휘둘러 대는 동안 셔틀콕이 네트에 걸려 땅에 떨어지기도 했고 하늘 높이 날아오르기도 했다. 얼마 후 열두 살 난 소년 라이언은 자기 라켓을 다섯 살배기 여동생 린의 손에 쥐어주고는 동생을 번쩍 들어 목말을 태웠다. 그래서 옆에서 지켜보기만 하던 린도 함께 배드민턴을 칠 수 있었다. 린은 어쩌다가 한 번씩 셔틀콕을 맞추는 게 다였지만 언니 오빠들과 함께 어울려 놀 수 있다는 것만으로도 만족하며 즐거워했다. 아이들이 게임을 멈추고 간식을 먹는 동안 라이언의 엄마는 라이언 옆에 와서 조용히 말했다.

"린을 게임에 끼워 주다니! 정말 다정한 오빠구나."

라이언은 어깨를 으쓱하고 다시 게임을 하기 위해 뛰어갔지만 얼굴에 부끄러운 미소가 번지는 것은 감출 수 없었다. 엄마는 라이언이 여동생에게 다정하게 대한 것을 인정해줬고, 그것은 라이언의 자존감에 긍정적인 역할을 했다. 자기 가치를 인정받았다는 좋은 느낌을 갖게 된 것이다.

아이들이 말썽만 부리는 최악의 상황에서도 마음만 먹으면 아이들을 칭찬할 거리를 찾을 수 있다. 아이들의 행동을 긍정적인 시각으로 바라보는 태도만 유지하면 얼마든지 가능한 일이다.

네 살배기 프레디와 두 살배기 조이가 방에서 놀고 있었다. 갑자기 날카로운 비명과 울음소리가 집안을 가득 메웠다. 엄마는 아이들 방으로 뛰어 들어가서 물었다.

"무슨 일이니?"

"조이가 내 비행기를 가지고 갔어!"

프레디가 울먹이며 대답했다. 프레디는 머리 위로 비행기를 번쩍 들어올린 채 서 있었고, 조이는 프레디의 다리를 붙잡고 비행기를 빼앗으려고 바둥거렸다. 엄마는 누가 먼저 비행기를 가지고 있었는지 물으려다가 잠시 숨을 고

로고 이렇게 말했다.

"너는 조이가 네 비행기를 가지고 노는 게 싫은 거구나."

"응, 조이는 아직 너무 어려."

프레디가 힘줘 말한 다음 약간 풀린 목소리로 이렇게 덧붙였다.

"가지고 놀다가 다칠 수도 있어."

엄마는 프레디의 말이 일리 있다고 생각했다. 장난감 비행기는 금속으로 만들어져 있어서 조이가 가지고 놀기에는 위험해 보였기 때문이다.

"어린 동생을 위해서 그런 거구나? 정말 훌륭한 형이야."

엄마가 말했다.

"조이가 가지고 놀고 싶어 할 다른 장난감이 있을까?"

프레디는 방을 둘러보다가 커다란 나무 트럭을 발견했다. 프레디는 엄마에게 손에 들고 있던 비행기를 건네줬고 엄마는 조이의 눈에 띄지 않도록 비행기를 치웠다.

"내 생각에는 조이가 이걸 좋아할 것 같아."

프레디는 이렇게 말하며 나무 트럭을 동생의 손에 쥐어줬다. 조이는 빙그레 웃으며 나무 트럭을 가지고 놀기 시작했고 프레디도 장난감 비행기가 치워졌다는 사실에 안도감을 느끼는 동시에 자신이 동생을 보호할 수 있는 형이라는 사실에 뿌듯함을 느꼈다.

프레디가 정말로 동생의 안전을 걱정해서 비행기를 가지고 놀지 못하게 한 건지, 아니면 그냥 동생이 자기 장난감을 가지고 노는 게 싫어서 그런 핑계를 댄 것인지는 알 수 없다. 하지만 중요한 점은 프레디가 훌륭한 형이자 문제해결자로 인정 받았고 짜증나는 상황을 해결하는 데 자신의 역할을 하는 긍정적인 경험을 했다는 사실이다. 엄마는 프레디가 최선을 다하려 했다는 것을 기꺼이 믿어줬고 이것은 프레디에게도 아주 중요한 일이다.

우리가 자녀를 믿고 있으며 최선의 행동을 기대하고 있다는 점을 알려주면 아이들은 그 기대에 어긋나지 않으려고 노력한다. 그것은 기대 이상의 행동을 할 수 있는 환경을 마련해주는 것이기도 하다.

칭찬을 통해 가치관 가르치기

다른 아이에 비해 자녀의 뛰어난 점을 칭찬하는 것은, 우리가 아이들에게 가르치고 싶어 하는 것이 무엇인지 간접적으로 알려주는 것이기도 하다. 소비지향적인 현대사회에서 아이들은 개인의 가치가 각자 소유한 물질의 양과 종류에 따라 결정된다는 메시지에 물들 우려가 있다. 그러므로 우리는 자녀들을 매우 사랑하고 있으며 무엇보다 지금 모습 그대로 사랑받기에 충분하다는 것을 인지시켜야 한다. 자녀들의 현재 모습을 사랑한다는 사실을 확인시켜 주는 것은, 자녀들이 살아가면서 만나는 사람들을 긍정적인 시각으로 바라보도록 가르쳐 주는 것과 다름없다.

텔레비전에 나오는 광고는 당장 필요하지 않은 물건을 사고 싶게 만드는 위력이 있다. 우리는 아이들이 이런 상업적 메시지에 노출

되지 않도록 보호해야 한다. 이런 메시지는 물질적인 소유가 행복과 우정, 사랑까지 가져다줄 수 있다고 느끼게 하지만 실제로는 그렇지 않다는 것을 알려줘야 한다. 광고를 비판적으로 수용하는 능력과 필요와 소유욕의 차이점을 가르쳐 준다면 아이들은 더욱 현명하게 성장할 수 있다.

5학년인 제이크의 반에 티모시라는 아이가 전학을 왔다. 티모시는 오랫동안 외국에서 살다 왔기 때문에 여러 나라 말을 할 줄 알았고 운동도 아주 잘했다. 티모시의 집은 어마어마하게 큰 저택이고 온갖 게임 CD와 대형 벽걸이 텔레비전과 당구대까지 갖추고 있다는 소문이 순식간에 퍼졌다. 남자아이들은 티모시 집에 가서 놀고 싶어 했다.

어느 날, 제이크는 티모시의 집에 초대받았다. 티모시의 집에 가게 된 제이크는 티모시가 뭐든지 제멋대로 하고 성격도 까다롭다는 것을 알게 됐다. 저녁이 돼 아빠가 제이크를 데리러 왔다. 집으로 가는 차 안에서 제이크는 한마디도 하지 않았다.

"오후 내내 뭐하고 놀았니? 재미있었어?"

아빠가 물었다.

제이크는 무엇을 하면서 놀았는지 설명하기 시작했다. 그리고 티모시가 제멋대로 굴고 모든 게임에서 이겨야만 직성이 풀리는 성격이라서 속임수까지 썼다고 불만을 털어 놓았다.

아빠가 제이크의 말을 다 듣고 나서 말했다.

"그래서 너는 티모시의 행동을 어떻게 생각하니?"

"난 그런 행동이 싫어요."

제이크가 단호하게 말했다.

"흠, 어떤 점이 싫었어?"

아빠가 물었다.

"그애는 으리으리한 집에 없는 것 없이 다 가지고 있지만 그래도 이제 다시는 그애와 놀고 싶지 않아요!"

제이크가 울분을 터뜨렸다. 제이크의 아빠는 아들이 하고 싶은 말을 마음껏 할 수 있도록 하고 나서 이렇게 말했다.

"제이크, 네가 정말 대견스럽구나. 그 사람이 좋은 물건을 얼마나 많이 가지고 있든, 사람 됨됨이가 가장 중요하다는 점을 알고 있다니 말이야."

아빠는 사람을 판단할 때 그 사람이 소유한 것보다 사람 됨됨이를 보고 평가한 제이크의 판단을 칭찬하고 지지해줬다. 이렇게 짧은 대화를 나누는 것에서도, 우리는 자녀의 긍정적인 자질을 발견하고 칭찬해줄 수 있다.

진실이 담긴 칭찬의 중요성

자녀를 칭찬해주는 것은 중요하다. 그러나 그보다 더 중요한 것은 그 칭찬에 진심이 담겨 있어야 한다는 사실이다. 어떤 부모는 자신의 행동을 통해 자녀들에게 '이기는 것만이 제일'이라는 메시지를 전달한다.

아홉 살 난 라비는 어린이 야구단에 들어갔다. 라비는 운동을 뛰어나게 잘하지는 않지만 친구들과 어울리며 야구하는 것을 좋아했고 단체 운동을 통해 신체적인 능력뿐 아니라 사회적으로 필요한 여러 가지 능력도 키우고 있었다. 라비는 항상 최선을 다해 경기에 임했고 경기 결과도 대부분 좋은 편이었다.

그런데 하루는 다른 팀과 경기하는 중에 라비가 평소와 달리 경기에 집중하지 못하는 듯했다. 라비의 엄마는 관중석 앞자리에 서서 고래고래 소리를 지르며 아들이 속한 팀을 응원했다. 특히 라비가 타석에 들어설 때나 수비할 때 공이 라비 쪽으로 날아가려 하면 더욱 목소리를 높여 고함을 질러댔다. 하지만 엄마가 목소리를 높일수록 라비는 당황해서 실수를 했다. 결국 라비가 속한 팀이 시합에서 졌고 경기가 끝난 후 라비의 엄마는 이렇게 말했다.

"괜찮아. 넌 열심히 했어."

하지만 경기 내내 엄마의 행동을 보고 엄마의 목소리 톤을 들은 라비는 자신이 실수를 저지르지 않고 자기 팀이 이겼다면 엄마의 칭찬이 지금보다 더 진실했을 거라고 생각했다.

누구나 언제든 자녀에게 실망하는 때가 있게 마련이지만 정말 중요한 것은 아이들이 자신의 노력에 대해 어떻게 느끼는가다. 뭔가 잘못됐을 때나 계획대로 되지 않았을 때, 다른 사람도 자기가 저지

른 실수를 알고 있고 그 실수를 계속 기억할 거라는 생각에서 벗어
날 수 있게 도와줘야 한다.

라비에게 필요한 것은 누가 승리했는가와는 상관없이 엄마가 꼭
껴안아주고 엄마는 어떤 상황이라도 항상 자기 편이라는 사실을 확
인하는 것이다. 스포츠의 목적이 '경쟁을 통한 승리'라고 볼 수도 있
지만, 그것보다 중요한 것은 경기를 통해 규칙을 익히고 스포츠맨
십을 배우고 승리를 위해 협력하고 최선을 다하면서 시합을 즐기는
것이다. 아이들의 인생을 결정짓는 것은 자녀들의 삶에 대해서 우
리가 바라는 갈망이 아니라 아이들 자신의 목표와 꿈인 것이다.

우리는 자녀들이 언제나 솔직하게 진심을 말하기를 바란다. 그러
나 솔직하게 말해야 할 때와 차라리 침묵을 지키는 것이 나을 때가
있다는 사실을 알고 판단할 수 있는 능력을 키워나가길 바라기도
한다. 또한 아이들이 가식적인 사람이 되는 것은 원하지 않지만 예
의 바르고 남의 감정을 배려하는 사람이 되길 바란다.

아이들에게 예의범절을 가르치는 것도 중요하다. 언제 어떤 인
사말을 하는 것이 적절한지를 가르치는 것도 중요하지만 더 중요
한 것은 아이들이 진심으로 다른 사람들의 배려와 관대함을 인정하
고 감사하는 마음을 갖게 하는 것이다. 이렇게 어려운 교훈을 가르
칠 수 있는 최선의 방법 중 하나는 우리 스스로가 아이들에게 모범
이 돼 인간관계 속에서 친절함과 솔직함, 정직함과 예의바른 태도
의 적절한 균형을 몸소 보여주는 것이다.

자신의 가치를 인정하도록 가르치라

다른 사람들에게 인정을 받는 것과 스스로 자기를 인정하는 것은 둘 다 중요하지만 그 두 가지에는 차이가 있다. 우리는 아이들이 정서적으로 성숙하고 독립하는 과정에서 스스로를 격려하고 용기를 불러일으킬 수 있기를 바란다. 자신의 가치를 인정할 줄 아는 아이는 언제든 유용하게 쓸 수 있는 정서적 자양분의 원천을 갖게 된다. 물론 아이들은 아주 어릴 때부터 이것을 배우기 시작한다.

조이의 엄마는 네 살 난 조이를 데리러 유치원에 왔다가 선생님과 잠시 이야기를 나누고 있었다. 그때 조이가 엄마에게 방금 완성한 퍼즐을 보여주기 위해 대화에 끼어들었다. 조이의 엄마는 퍼즐을 보고 감탄하며 말했다.

"와! 엄마 딸 정말 자랑스럽네. 아주 잘했는데!"

선생님도 덧붙였다.

"이걸 혼자 해내다니, 네가 생각해도 정말 자랑스럽지?"

조이의 얼굴이 환해졌다. 조이는 다른 사람에게서 칭찬과 격려를 받음으로써 자신의 가치를 인정하게 됐다.

칭찬과 관심은 별개다

칭찬이 아무리 긍정적인 효과가 있어도, 그것이 사랑과 관심을 대신하는 역할을 해서는 안 된다. 아이들이 "나 좀 봐요. 내가 이걸 얼마나 잘하는지 봤어요?"라고 말하는 것은 실제로는 "제발 나를

좀 알아주고 잘한다고 말해줘요."라는 뜻이다. 아이가 이런 식으로 자주 관심을 요구한다면 그것은 성취해낸 결과물에 대한 인정보다 사랑과 관심을 원한다는 것을 나타내는 것이다. 그런 경우라면 칭찬을 해주는 것만으로는 아이의 욕구를 채워주지 못한다.

네 살 난 조슈아는 바닥에 앉아 스케치북에 그림을 그리고 있었다. 조슈아의 엄마는 주방 식탁에 앉아 커피를 마시고 있었다. 그런데 조슈아가 그림을 그리다 말고 스케치북을 들어 보이며 엄마에게 물었다.

"내가 뭘 그리는지 알겠어요?"

엄마는 그림을 들여다보며 말했다.

"시작이 정말 멋지구나. 그 다음에는 뭘 그릴 거니?"

조슈아는 엄마의 질문에 대답하지 않고 종이와 크레용을 들고 엄마에게 다가와 물었다.

"엄마 무릎에 앉아도 돼?"

엄마는 마시고 있던 커피 잔을 옆으로 치우고 조슈아가 올라와 앉게 했다.

엄마는 아들이 그림에 대한 칭찬과 격려보다는 엄마의 관심과 스킨십을 통한 애정 표현을 원하고 있다는 사실을 알아차렸다. 여기서 중요한 것은 아이가 원하는 것이 무엇인지를 분명히 알고 있고 망설임 없이 그것을 요구할 수 있다는 것이다.

어떤 아이들은 다른 아이들보다 더 많은 관심이 필요하다. 이 점에 대해서는 개인적으로 상당히 큰 차이가 있다. 어떤 아이는 자주 손을 잡아주고 안아주기를 요구하고 어떤 아이는 부모가 멀리서 행복하게 손을 흔들어주는 것으로도 충분히 만족한다. 특별히 더 많은 관심을 줘야 하는 아이들은 칭찬과 인정만으로는 충분하지 않다. 아이들은 자기가 사랑받고 있다는 것을 확인하기 위해 부모의 관심과 뚜렷한 애정 표현을 원한다.

편부 편모 가정의 아이 혹은 새로운 지역으로 이사했거나 부모가 실직한 경우처럼, 가정에 큰 변화가 생길 때 아이들은 일시적으로 더 많은 관심과 사랑을 원한다. 이 시기에는 부모가 항상 아이들 가까이에 머물면서 현재 일어나고 있는 일에 대해 이야기하며 환경에 잘 적응하도록 하거나 변화를 자연스럽게 받아들일 수 있도록 유도하는 것이 중요하다. 아이들이 자신의 감정과 근심 걱정을 털어 놓을 수 있게 이끌어주면서 특별한 관심을 기울여준다면 아이들은 혼란을 느끼지 않고 새로운 환경에 잘 적응할 수 있을 것이다.

칭찬받고 칭찬하는 연습

칭찬을 받아들이는 방법뿐 아니라 칭찬하는 법도 가르쳐야 한다. 칭찬을 자주 듣고 자란 아이들은 칭찬을 받을 때 당황하거나 부정하거나 과장하지 않고 편안한 마음으로 감사해하고 의젓하게 대처하게 된다.

우리가 아이들의 진가를 인정하고 칭찬하는 것이 곧 아이들에게 주변 세계를 인정하고 칭찬할 수 있도록 연습할 기회를 주는 것이다. 일상에서 칭찬할 만한 점을 찾으려고 노력한다면 아이들은 어린 시절의 행복한 추억을 간직한 채 더욱 행복한 인생을 살 수 있을 것이다. 또한 다른 사람을 칭찬하려는 긍정적인 노력이 자연스럽게 몸에 밸 것이다.

포용 속에서 자라는 아이들은
사랑을 배운다

If children live with acceptance,
they learn to love.

사랑이란 가장 역동적이고 필수불가결한 인간의 경험이다. 사랑이라는 감정은 말로 표현할 수 있는 것보다 훨씬 크고 엄청난 감정이다. 그리고 대부분의 사람이 인생에서 사랑하고 사랑받는 것보다 더 중요한 것은 없다는 말에 동의할 것이다. 사랑은 아이들이 뿌리 내리고 자랄 수 있는 토양이며 인생의 방향을 결정지어 주는 햇빛이자 아이들이 성장하도록 영양을 공급해 주는 수원(水源)이다.

아이들은 태어나는 순간부터, 아니 태어나기 전부터 사랑이 필요하다. 갓난아기들은 부모의 따뜻한 애정과 관심에 전적으로 의존한다. 정성스러운 보살핌은 아이들에게 자신이 꼭 필요한 존재라는 사실을 깨닫게 해주고 소속감을 느끼게 한다. 아이들은 자라면서 사랑받고 있다는 것을 계속해서 느끼길 기대한다. 아이들은 자상하고 관심어린 보살핌을 통해서 사랑을 가장 잘 이해한다.

우리는 반드시 아이들이 사랑받고 있다는 것을 느끼게 해줘야 한다. 그러나 사랑이라는 것은 성인이 되더라도 결코 벗어날 수 없는 지극히 근본적인 욕구이기도 하다. 우리는 성인이지만 여전히 누군가에게 필요한 존재가 되기를 원한다. 또 인간관계, 친밀함, 애정과 따뜻한 손길을 기대한다. 우리는 모두 자신의 지금 그대로의 모습을 인정받기를 원하며 우리가 연대감을 느끼는 사람들과 친구가 되기를 원한다.

우리가 다정하게 대해주고 애정 어린 말과 따뜻한 손길로 사랑이 넘치는 행동을 보여줄 때 아이들은 자신이 필요한 존재이며 사랑받는 존재라는 사실을 깨닫게 된다. 단지 "사랑해."라고 말해주는 것만으로는 충분하지 않다. 나는 종종 강의할 때 사랑에는 A로 시작하는 3대 요소가 있다고 설명한다.

포용 Acceptance, 애정 Affection 그리고 인정 Appreciation이다. 아이들은 자신의 부족한 점까지 우리가 포용하고 사랑해줄 거라고 확신할 수 있는 환경에서 자라야 한다. 이런 사랑을 받고 자랄 때 아이들은 다른 사람을 사랑할 수 있는 능력을 키울 수 있다.

무조건적인 수용은 사랑을 가르친다

'포용'이라는 단어의 어원은 '자신에게 가져오는 것', 즉 '받아들이는 것'이란 뜻이다. 우리는 아이들이 어른이 될 때까지 따뜻한 애정이 깃든 미소, 포옹, 키스 그리고 다독거림을 통해 사랑을 전달한다. 우리가 아이들을 아무 조건 없이 전적으로 받아들일 때 아이들의 내적 자아, 즉 있는 그대로의 모습을 변화시키고자 하는 욕망을 버릴 수 있다. 그렇게 하기 위해서는 우리가 가장 오랫동안 간직한 간절한 꿈을 포기해야 할 수도 있다.

발레보다는 독서를 더 좋아하는 딸을 둔 엄마와 농구보다는 화학을 더 좋아하는 아들을 둔 아빠는 둘 중 무엇이 더 중요한지 결정해야 한다. 자녀들을 통해 자신이 못다 이룬 꿈을 이뤄보고자 하는 욕망인지 아니면 아이들이 자신의 꿈을 추구해 나가도록 아낌없는 지원을 베푸는 것이 더 중요한지 말이다. 물론 그 답은 자명하다. 그리고 자녀들이 마음껏 꿈을 펼칠 수 있는 기회를 만들어줄 때 우리 세계도 훨씬 더 넓고 풍요로워질 것이다.

또한, 부모의 요구에 복종하거나 그 요구를 달성해내는 것이 사랑을 받기 위한 전제조건이 아니라는 사실을 아이들에게 알려줘야 한다. 사랑은 언제나 아무 조건 없이 주어지는 것이지, 올바른 행동을 했을 때 보상으로 주어지는 것이 아니다.

결코 사랑을 거두거나 유보하겠다고 위협하거나 "만약 ~하다면 나는 너를 사랑하지 않을 거야." 또는 "네가 ~하게 한다면 너를 더 사랑할 거야."라는 말로 사랑에 조건을 달아서는 안 된다. 어떤 부모는 자녀를 무조건적으로 받아들이면 아이가 뭔가를 이루기 위해 노력하지 않을지 모른다며 걱정한다. 그러나 아이들은 부모에게 인정받고 사랑받는다는 기본적인 권리를 쟁취하기 위해서가 아니라 목표와 성취를 위해 노력해야 한다.

하지만 자녀들의 부적절하고 무책임한 행동까지 너그럽게 용인해서는 안 된다. 우리는 용납할 수 없는 행동을 거부하고 규칙을 준수하고 한계를 구분하면서도 여전히 자녀들을 사랑할 수 있다.

여섯 살인 제이슨은 이번에도 자전거를 집 앞 자동차 진입로에 내버려 뒀다. 제이슨의 아빠는 자전거를 거기 두면 아빠가 미처 그것을 발견하지 못하고 차를 그냥 몰고 들어오는 사고가 날 수도 있으니 반드시 현관에 가져다 두라고 몇 번이고 당부했다. 하지만 제이슨은 번번이 자전거를 치우는 걸 잊어버렸다. 그러던 어느 날 밤 우려했던 일이 현실이 되고 말았다. 아빠는 차바퀴 아래서 뭔가 우지끈하고 부서지는 소리를 들었다.

현관문을 들어서는 아빠를 보고 무슨 일이 벌어졌는지 알지 못한 제이슨은 반갑게 뛰어나와 아빠의 품에 안겼다. 아빠는 애써 화를 누르고 허리를 굽혀 아들을 안아 올렸다.

"너한테 보여 주고 싶은 게 있어."

아빠는 심각한 어조로 말하고 제이슨을 창가로 데려갔다. 제이슨은 자기 자전거가 망가진 것을 봤다.

"아! 안 돼!"

제이슨은 무슨 일이 일어났는지 깨닫고는 비명을 질렀다. 그리고 아빠의 목을 꼭 껴안고 아빠의 어깨에 얼굴을 묻었다.

"또 자동차 진입로에 자전거를 내버려 뒀더구나."

아빠는 일어난 사실만 단순하게 말했다. 제이슨이 고개를 끄덕였고 아빠는 제이슨을 안은 채 말을 이었다.

"바로 이게 아빠가 걱정했던 일이야."

아빠는 제이슨을 바닥에 내려주고 눈을 똑바로 바라보며 말했다.

"자전거가 완전히 망가졌을지도 모른다는 걸 알겠지?"

제이슨은 눈물이 그렁그렁한 채 고개를 끄덕였다. 아빠가 말했다.

"가서 좀 더 자세히 살펴보자. 어쩌면 고칠 수 있을지도 모르니까."

이 사건에서 아빠가 제이슨에게 준 메시지는 "네가 하는 일이 언제나 마음에 드는 것은 아니지만 그래도 아빠는 언제나 너를 사랑하고 도와줄 거야."다.

사랑과 관심 보여주기

우리는 아이들에게 사랑한다는 말을 들려줄 필요가 있다. 그러나 이것보다 더 필요한 것은 포옹이나 키스, 다정한 다독거림이나 끌어안고 뺨 비비기 등의 스킨십을 통해 우리가 하는 말이 진실이라는 것을 확인시켜 주는 것이다. 스킨십은 우리 삶에서 가장 근본적이고 보편적이며 강렬한 욕구 중 하나다. 갓난아기에서 노인에 이르기까지 모든 사람에게 중요한 욕구인 것이다.

자녀들은 부모와 스킨십을 통해 위안을 받아야 한다. 엄마나 아빠가 꼭 안아주는 것만으로도 위로가 필요한 아이를 진정시킬 수 있다. 아이가 무릎이 까져 상처가 난 것이든 마음의 상처를 받은 것이든 말이다. 때로 따뜻한 포옹과 부드러운 다독임만으로도 몸과 마음의 상처를 달래고 회복시킬 수 있다.

자녀들에게 애정을 표현하는 것은 정말 중요하다. 내 강의를 수강하는 한 엄마는 이렇게 고백했다. "저는 항상 제 어린 아들을 충분히 사랑하지 않고 있는 것 같아서 죄책감에 시달렸어요. 하지만 이제 보니 어쩌면 저는 제 사랑을 충분히 표현하지 못한 것일 뿐이라는 생각이 드네요."

상황에 따라 자녀에게 애정을 표현하는 법을 따로 배워야 할 때도 있다. 한 엄마는 어린 시절에 가족 간 친밀감이 없었고 집안은 매우 조용했다고 했다. 그녀의 부모는 딸을 사랑했지만 그 사랑을 표현해주지 않았다. 이제 그녀가 엄마가 되고 나서 자기도 모르게 어린 시절 자기가 겪었던 가정 분위기를 그대로 답습하고 있었다. 그녀는 두 살 된 딸을 매우 사랑했지만 성격상 그것을 표현하지 못했다.

다행히 이 엄마는 딸에게 필요한 것이 무엇인지 섬세하게 관심을 기울였고, 그녀가 느끼는 사랑을 표현하기로 결심했다. 그녀는 의식적으로 딸을 더 자주 안아주고 품에 안은 채 책을 읽어줬으며 그네에 올려주고 내려줄 때도 꼭 안아주곤 했다. 그녀는 애정을 딸에게 표현할 기회가 하루에도 열두 번은 더 있다는 것을 발견했다.

이런 의식적인 훈련을 시작한 후 2주 정도 지나서 그녀는 강좌에 돌아와 이렇게 말했다. "사실 저는 이런 훈련을 딸아이를 위해 시작했어요. 그런데 지금은 이것이 저 자신에게도 얼마나 중요한지를 깨달았답니다." 애정을 표현해주는 것은 모든 아이에게 매우 중요하다. 아이들은 "사랑해."라는 말과 함께 그 말에 대한 신체적인 확인이 필요하다. 반복적이고 지속적인 애정 표현을 통해 아이들은 부모의 사랑을 더욱 깊이 느끼게 된다. 사랑 표현은 결코 뒤로 미루거나 억제해서는 안 되는 것이다.

사랑의 본보기

엄마 아빠가 상대방을 어떻게 대하고 배려해 주는지를 보여주는 것은 가정생활에서 수용과 사랑의 본보기로서 강력한 영향력을 발휘한다. 아이들은 예리한 관찰자다. 부모를 관찰함으로써 결혼생활에 대해 배울 수 있다. 일상생활에서 우리가 아이들에게 보여주는 모습은 아이들이 성장해 결혼했을 때 부부관계를 유지하는 바탕이 된다. 실제로 부모가 배우자를 대하는 방법은 자녀들의 인생에 선례가 된다. 또한 이를 통해 자녀들이 어떤 사람들에게 끌리게 될지에 영향을 미치며 좋든 싫든 간에 자녀들이 어떤 가정을 만들지에 대한 모범 사례가 된다.

그러므로 행복한 결혼생활을 위한 마법 같은 비결은 없지만 사랑이 넘치는 가정을 본보기로 보여주기 위해 최선을 다해야 한다. 성숙하고 건전한 관계를 맺기 위해서는 서로 주고받는 것에 균형을 이루는 것이 필요하다. 또 상대방의 장점과 약점을 인정하고 받아들이는 것뿐 아니라 배려와 공감, 연민을 베푸는 능력도 필요하다.

자녀들은 엄마 아빠가 서로 보살피고 돌보는 모습을 지켜보고 있다. 또한 부모가 그렇게 하지 못할 때도 지켜본다. 우리가 서로 존중하고 지지하며 따뜻한 애정으로 대할 때 관심사와 가치관을 나누게 되고 개개인의 차이를 받아들일 때 행복한 결혼생활을 이루고 유지할 수 있는 본보기를 보여줄 수 있다.

허용적인 분위기 속에서 자라는 아이들은
자신을 사랑하는 법을 배운다

If children live with approval,
they learn to like themselves.

부모의 양육 태도가 아이의 인생을 좌우한다. 아이들에게 찬성이나 반대를 표현하는 방식과 격려하고 권장하는 것을 통해 아이들은 우리의 가치관을 배우고 따르게 된다. 동시에 행동뿐 아니라 개성과 성격을 발달시켜 나가는 과정에서 부모가 더 좋아하고 발전시켰으면 하는 요소가 무엇인지를 아이들이 알게 된다.

만일 아이에게 관심을 기울이지 못할 정도로 바쁘거나 아이의 존재를 당연한 것으로 여긴다면 자녀들에게서 북돋아주고 싶은 성품과 행동을 발전시킬 수 있는 기회를 잃어버리고 있는 것이다. 아이들이 앞으로 어떤 사람이 될지를 결정짓는 데 도움을 주는 것은 결국 아이들이 하는 사소한 행동들에 달려 있다. 그러므로 우리는 이런 사소한 행동들을 정확하게 파악해 칭찬해 줘야 한다.

어느 날 오후, 아빠가 정원에서 일을 마치고 돌아오는데 일곱 살 난 아들 스테판이 현관에 마중을 나와 있었다. 스테판은 손가락을 입술에 갖다 대면서 조용히 속삭였다.

"쉿, 엄마가 낮잠을 주무시고 계세요."

"이렇게 엄마 생각 할 줄도 알고, 정말 기특하구나."

아빠도 속삭이는 소리로 대답하며 스테판을 꼭 껴안아 줬다.

실제로 칭찬과 감사를 표현하는 간단한 말 한마디나 몸짓만으로 충분히 좋은 효과를 얻을 수 있다. 하지만 분주하고 소란스러운 일상에서 이런 사소한 일들을 기억하기란 쉽지 않다. 그러므로 이런 순간들을 의미 있는 것으로 만드는 것이 얼마나 중요한 일인지를 스스로에게 계속 상기시켜 줘야 한다.

가치관을 가르치고 자긍심 키우기

아이들을 인정해 주는 것은 아이가 긍정적인 자아상과 건전한 자긍심을 키워나갈 수 있도록 도와주는 좋은 방법이다. 아이의 좋은 점을 찾아내고 관심을 쏟을수록 아이는 좋은 성품을 계속 발달시킬 수 있다.

아빠가 말했다.

"오늘 할머니가 오셨을 때 정말 잘 도와드렸어. 할머니가 소파에서 일어나

시는 것을 돕는 걸 보니 아주 기분이 좋더라."

"정말요?"

여덟 살인 브래드가 깜짝 놀라 물었다. 브래드는 아빠가 그 모습을 봤다는 것은 물론이고, 자신도 그 일을 까맣게 잊고 있었던 것이다.

아빠는 아들의 친절한 행동에 관심을 기울였고 자신이 다른 사람들에 대한 친절과 배려를 중요시한다는 점을 알려줬다. 바로 이것이 가족의 가치관을 가르치는 방법이며 다음 세대까지 가족의 가치관을 전달하는 방법이다. 아이들의 긍정적인 행동에 관심을 보이는 것은 아이들이 자신의 좋은 품성을 인식하고 이를 소중히 여기도록 한다.

일곱 살인 아만다는 자수실로 팔찌를 만드는 방법을 배웠고 아만다의 친구들은 모두 아만다가 만드는 팔찌를 좋아했다. 그래서 아만다는 친구들에게 어울리는 색깔의 실을 골라 팔찌를 만들기 시작했다. 아만다의 엄마는 이 행동에 대해 여러 각도에서 칭찬해줄 수 있을 것이다. 가령 아만다의 예술적 재능에 초점을 맞출 수 있다.

"팔찌가 정말 예쁘구나, 색깔도 서로 잘 어울리고."

아니면 팔찌의 상업적 가치에 초점을 맞출 수도 있다.

"정말 멋지구나! 엄마가 장담하는데 공예품전시회에서 팔 수도 있을 거야."

아만다의 너그러운 마음에 초점을 맞출 수도 있다.

"친구들에게 특별한 팔찌를 만들어 주다니, 정말 착한 친구구나!"

어떤 점에 중점을 두고 칭찬하든지, 엄마는 아만다의 취미를 인정해준 것뿐 아니라 아만다의 착한 마음씨를 특별히 자랑스러워하고 있음을 알려줄 수 있다. 그리고 이것은 아만다가 자신에게 그런 자질이 있다는 사실을 깨닫고 더 발전시켜 나갈 수 있는 길을 열어줄 것이다.

물론, 각 가정마다 추구하는 가치관이 다르고 그 가치관에 따라 자녀의 어떤 품성을 더 격려하고 칭찬할지는 다를 것이다. 부모는 아이들의 자아 형성과 윤리 의식 발달에 지대한 영향을 미친다.

합의에 따라 생활하는 법 가르치기

모든 가정에는 일상생활의 규칙이 있다. 식사시간과 귀가시간, 취침시간 등에 대한 약속부터 각자의 생활공간을 청소하는 규칙에 이르기까지, 부모와 자녀는 한 가족으로서 원만한 공동생활을 해나가기 위해 수많은 약속을 정해 놓고 있다. 이러한 규칙은 가정 내에서 자녀와 부모 간의 기대를 충족시킬 뿐 아니라 모든 가족 구성원을 단결시켜 주는 구심점 역할을 한다.

가정의 규칙 중 일부는 협상의 여지가 없다. 예를 들어 '차에 타면 꼭 안전벨트를 매고, 인라인 스케이트를 탈 때는 무릎보호대와 팔꿈치 보호대를 착용하고, 추운 날 밖에 나갈 때는 모자를 써야 한다' 같은 안전을 위한 규칙들이 그러하다.

그리고 효율성이나 일반적인 질서를 위한 것으로 좀 더 융통성 있게 운용할 수 있는 것도 있다. 식사 후 빈 그릇은 설거지통에 넣기, 외출하기 전에는 장난감을 제자리에 정리하기, 숙제를 마치기 전에는 텔레비전을 보지 않기 등을 예로 들 수 있다. 아이들이 이런 합의사항을 만들고 의논하는 과정에 더 많이 참여할수록 아이들이 규칙을 따르는 데 협조할 가능성이 크고, 또 규칙을 어겼을 때 부모의 지적이나 반대급부를 더 잘 받아들이게 된다.

이처럼 가정에 규칙을 세우는 것은 아이들에게 안정감을 준다. 다음에 무엇을 해야 할지 예측할 수 있고 자신이 지켜야 할 것을 훨씬 더 쉽게 이해할 수 있기 때문이다. 그뿐 아니라 어떤 일을 하든 가족이 세운 기본적인 규칙을 어기지 않는 것이라면 부모가 허락한 것이라는 사실을 알 수 있게 된다. 아이들이 규칙이 정해지는 과정과 구조를 이해하고 그 규칙을 자신의 방식으로 실생활에 적용시키는 것을 보면 놀랍다.

빌리가 친구에게 말했다.

"엄마한테 물어볼 때, 만약 엄마가 '글쎄, 한번 생각해 보자.'라고 하면 해도 되는 거야. 하지만 엄마가 '아빠한테 한번 물어보자.'라고 하면 그냥 포기하고 잊어버려야 해."

빌리는 자신의 의견이 어떤 식으로 수용되는지를 잘 이해하고 있다.

아이들은 뭔가를 해도 되는지를 하루에 열두 번도 더 물어본다. 가끔은 이미 허락해줄 것을 알면서도 형식적으로 물어 볼 때도 있다.

아티가 뒷문에서 "엄마! 나 옆집에 새로 데려온 강아지 구경 가요, 괜찮죠?"라고 소리를 지른다. 그리고 엄마가 대답도 하기 전에 이미 문을 쾅 닫고 나간다. 아티는 바로 옆집에 놀러갈 때도 자신이 어디 가는지를 엄마에게 알려줘야 한다는 규칙을 따르고 있는 것이다.

한편 어떤 요청사항은 더 복잡하고 부모와 자녀 간의 협상이 필요하다.

어느 토요일 오후 열한 살인 마리안은 친구에게 함께 영화를 보러 가자는 제의를 받았다. 하지만 마리안은 일주일 내내 자기 방을 치우지 않았다. 방을 치우지 않으면 주말에 외출할 수 없다는 것이 마리안 가정의 규칙이다. 마리안은 지금 당장 방을 치울 시간이 없지만 꼭 친구와 영화를 보러 가고 싶었다. 엄마와 마리안은 이 상황을 해결하기 위해 같이 이야기를 했다. 그리고 이번에는 마리안이 영화를 보러 가도 좋다는 데 합의했다. 10분 동안 방 정리를 하고 집에 돌아온 후에 방 청소를 마저 끝내기로 타협점을 찾은 것이다. 엄마와 마리안은 일상적인 일을 마지막까지 미뤄두는 것보다 그때그때 규칙적으로 하는 것이 왜 좋은지에 대해서도 이야기를 나눴다. 마리안은 친구와 영화를 보러 가도 좋다고 허락 받았지만 이 상황은 할 일을 뒤로 미루는 마리안의 습관이 좋지 않다는 것을 깨닫게 해줬다.

아이들이 어릴 때부터 함께 의논해 규칙을 정하고 그 규칙에 따라 생활하는 습관을 익힌다면 청소년기에 마주칠 더 복잡한 문제도 쉽게 해결할 수 있게 된다. 십대 자녀가 "학교 끝나고 친구들과 어디 가기로 했어요. 그래서 늦을 거예요."라고 말할 때 아이를 심문하지 않으면서도 친구들이 누군지, 어디로 가는지, 뭘 타고 갈 건지 또 몇 시쯤 오는지 알아내야 한다.

이때 자녀의 문제 접근 방식을 인정하는 것으로 시작하는 것이 제일 좋다. "미리 말해줘서 고맙구나."라는 말은 긍정적인 분위기를 만들고, 자녀가 허락을 구하는 행동이 배려라는 것을 깨닫게 해준다. 또한 점점 커지는 독립에 대한 자녀의 욕구와 자녀를 위험에서 보호하려는 부모의 지속적인 욕구를 동시에 충족한다.

가정이라는 틀 안에서 합의 사항을 존중하며 생활할 때 아이들은 학교와 직장이라는 더 큰 공동체에 적응하는 법을 미리 배우게 된다. 즉, 커다란 사회구조에서 자기 자리를 찾을 수 있도록 준비시켜 준다. 아이들은 가정에서의 경험을 통해 '법이란 모든 사람이 올바른 행동을 할 수 있도록 도와주기 위해 또는 모든 사람을 안전하게 보호하기 위해 정해 놓은 기본적인 약속'이라는 것을 이해하게 된다. 나아가 그것이 세상이 제대로 돌아갈 수 있게 만들어주는 원리임을 깨닫게 된다.

의지할 수 있는 가치관

찬성과 반대 또는 승인과 거부는 옳고 그른 것, 좋고 나쁜 것에 대한 가치 판단에 따른 것이다. 우리 생각을 구체적으로 표현하지 않아도 아이들은 우리가 어떤 것을 허락하고 반대할지 아주 잘 안다. 그렇지만 우리 바람대로 행동하지는 않는다. 성장하면서 자기 스스로의 기준과 가치관을 발전시켜 나갈 것이고 그것이 우리의 기준과 늘 같지는 않을 것이다. 이것이 실망스러울 때도 있지만 아이들이 양심적이며 훌륭한 신념을 가진 책임감 있는 인간으로 성장한다면 우리는 자녀들이 내리는 결정에 지지를 보내야 한다.

특히 청소년기에는 또래집단의 행동양식이 아이들의 생활에 중요한 영향을 미치게 되는데 우리가 언제까지나 자녀들 옆에 붙어 다니면서 지켜볼 수도 없을 뿐더러 올바른 행동을 강요할 수도 없다. 그러므로 아이들이 성장하면서 어떤 결정을 내릴 때 반항심을 불러일으키지 않으면서 그 결정이 윤리적으로 올바른 것이어야 한다는 메시지를 전달해야 한다. 그렇게 하면 아이들은 뭔가를 선택하는 데 필요한 든든한 기반을 갖게 되고 옳은 선택을 할 것이다.

이런 관점에서, 우리가 자녀들에게 거짓말은 나쁜 것이고, 거짓말을 하면 벌을 주겠다고 말할 때가 있다. 그런데 만약 우리가 야구 경기를 보러 가기 위해 회사에 전화를 걸어 아프다고 거짓말하는 것을 본다면 아이들은 무슨 생각을 할까? 아이들이 윤리적 행동 규범을 따르게 하고 싶다면 불편을 감수하더라도 우리가 모범을 보여야 한다. 우리는 자녀들이 스스로를 아끼고 사랑하기를 원하며 다른 사람들의 의견에 좌우되지 않는 긍정적인 자아상을 키워 나가기를 원한다. 또한 자신의 행동을 자체 평가할 수 있고 그에 따라 행동할 수 있는 내면의 힘을 기르기를 원한다.

열두 살인 브루스는 집 근처에 있는 식료품점에 자주 간다. 가끔은 엄마 심부름을 위해서지만 대부분 자기가 먹을 음료수나 과자를 사러 간다. 브루스는 다른 아이들이 그 가게에서 물건을 훔친다는 사실을 알고 있었다. 특히 감시를 잘 하지 않는 점원이 가게를 볼 때면 더욱 그랬다. 브루스가 엄마 심부름 때문에 그 가게에 들어섰을 때 과자가 너무 먹고 싶어졌다. 그런데 엄마가 사오라고 시킨 우유와 계란을 살 돈밖에 없었다. 브루스는 과자를 주머니에 슬쩍 넣을 수 있다는 것을 알았다. 감시가 소홀한 점원이 가게를 지키고 있었고 잡지를 읽느라 정신이 없어 보였다. 이런 때라면 과자를 몰래 주머니에 넣어도 들키지 않을 거라 생각했다. 하지만 이 '기회'를 이용하지 않기로 했다. 자신이 도둑질을 한다면 부모님이 무척 실망하실 거란 사실을 알고 있었다. 그러니까 브루스가 도둑질을 하지 않기로 결심한 것은 부모님을 실망시키고 싶지 않다는 생각 때문이기도 했지만 전적으로 그것 때문만은 아니었다. 열두 살밖에 안 되는 나이이지만 브루스는 남의 물건을 훔치는 일이 잘못된 행동이라는 규칙을 뼛속까지 익혔고 나쁜 짓을 저지르도록 유혹을 느낄 만한 상황에 처했을지라도 올바른 행동을 할 수 있을 만큼 자기 자신에 대한 자긍심이 있었다. 자기 마음의 평화와 자긍심을 위해 브루스는 도둑질에 대한 유혹을 뿌리칠 수 있었다.

우리가 아이들이 자긍심을 키울 수 있도록 도와주면 아이들은 자기 방식대로 스스로를 사랑하고, 피할 수 없는 유혹에 갈등을 겪더라도 자신이 옳다고 생각하는 것을 지켜나갈 수 있게 된다.

자신을 사랑하도록 가르치라

자녀에게 바라는 것이 뭐냐고 물으면 대부분의 부모가 이렇게 대답한다. "아이들이 행복하면 좋겠어요." 자기 자신을 사랑하는 것이 자동으로 행복을 가져다주는 것은 아니지만 그래도 자긍심은 행복해지기 위한 필수조건이다. 자기 자신을 사랑하는 아이들은 이기적이지 않으면서도 자신감 넘치는 모습으로 성장할 확률이 높다. 이런 아이들은 다정하고 친밀하며 더 안정적인 인간관계를 맺는다. 그리고 부모가 됐을 때 역시 그들의 자녀가 스스로를 사랑하도록 키울 수 있다.

다섯 살 난 로렐은 모델 놀이를 하며 할머니를 즐겁게 해드리고 있다. 로렐이 분장실(로렐의 장난감 벽장)에서 등장할 때마다 할머니는 박수를 치며 새로운 의상에 대해 물었다.

"그 옷을 입고 어디를 갈 거니?"

로렐은 엄마의 하이힐을 신은 채 제 나름대로 고상한 태도로 비틀거리며 대답했다.

"무도회에 가죠."

"그럼 왕자님이 너와 사랑에 빠지게 될까?"

할머니가 물었다.

로렐은 잠시 생각에 잠겼다가 미간에 주름을 잡으며 할머니를 쳐다봤다.

"어쩌면요."

로렐은 그런 것은 관심 밖이라는 듯이 답했다. 그리고 갑자기 웃음보가 터져 키득거리며 두 팔로 자기 몸을 감싸고는 할머니에게 달려가 할머니의 무릎에 고개를 파묻었다.

로렐에게 왕자님이 자기를 사랑할지 안 할지는 별로 중요한 문제가 아니다. 로렐은 자기 자신에게 만족하고 있었다. 할머니도 아이의 웃음에 전염돼 웃기 시작했다. 할머니는 손녀가 건강하게 잘 자라고 있다는 사실이 기뻤다.

부모와 자녀 간의 합의 사항은 우리가 어떤 것을 중요하게 생각하는지를 반영한다. 이런 약속들은 부모로서 자녀에게 어떤 기대를 하고 있는지를 구체화해 줄 뿐 아니라 자녀들이 옳고 그른 것과 좋고 나쁜 것을 분간하는 능력을 배우는 데 도움이 된다. 자녀에게 현

허용적인 분위기 속에서 자라는 아이들은 자신을 사랑하는 법을 배운다

실적인 기대치를 가지고 있다면 융통성 있으면서도 단호한 태도로 가정생활에서 아이들이 기여하는 몫이 존중되고 조화되는 가정을 만들어 아이들이 부모의 허락을 구하기가 쉽도록 해야 한다.

지지해주고 격려해주는 환경 속에서 아이들은 자기가 가진 최고의 재능을 자유롭게 꽃피울 수 있다. 또한 자신의 특별한 재능이 소중하게 여겨지며 그들이 사랑받고 있다는 깨달음을 얻게 된다. 이런 깨달음은 자녀들이 자신의 가치를 긍정적으로 존중하는 건전한 어른으로 성장할 수 있는 최상의 밑거름이 될 것이다.

인정받으며 자라는 아이들은
목표를 갖는 것이 좋은 일이라는 것을 배운다

If children live with recognition,
they learn it is good to have a goal.

인정이라는 단어의 뜻은 '다시 인식하는 것', 즉 새로운 눈으로 바라보는 것이다. 아이들은 매우 빠르게 성장하고 변한다. 태어난 지 며칠 지나지도 않은 것 같은데 아장아장 걷더니 어느새 십대 청소년이 된다. 아이들은 바로 코앞에서 자라고 있지만 우리는 바쁘게 사느라 성장 과정의 몇 단계를 놓치고 만다. 가끔씩 자녀들을 마치 처음 보는 것처럼 새로운 시각으로 바라보기 위한 노력을 해야 한다. 우리의 관심만으로도 아이들에게 위안을 주며 활력과 힘을 북돋아줄 수 있다.

어느 가을날 공원을 걸어가는 동안 네 살 난 엘리사가 엄마의 소매에 매달리며 말했다.

"우리 저쪽으로 가면 안 돼? 나 저기 있는 저 큰 나뭇잎들을 줍고 싶어."

"저쪽은 잔디가 축축해. 그리고 낙엽은 아주 많이 주웠잖아."

엄마가 대답했다.

"하지만 저런 모양 나뭇잎은 아직 없어. 그러니까 내 낙엽 수집을 위해서 필요해."

엘리사는 고집을 부렸다. 엄마는 놀라운 표정으로 딸을 내려다봤다. 엘리사가 나뭇잎을 줍고 있다는 걸 알고 있었지만 별 생각 없이 지나쳤었다. 엘리사가 나뭇잎을 수집하고 있다는 사실, 아니 수집이라는 말의 의미를 이해하고 있다는 것조차 몰랐다. 엄마는 이것이 엘리사가 어떤 목표를 세우고 그것을 실천해 가며 독립심을 기르고 있는 신호라는 사실을 깨달았다. 엄마는 걸음을 멈추고 엘리사의 손에 들린 나뭇잎 다발을 들여다보며 감탄했다. 그리고 딸이 잔디밭을 가로질러 오래된 떡갈나무 쪽으로 뛰어가는 것을 바라봤다. 집으로 돌아오는 길에 엄마와 엘리사는 다양한 나무 이름과 저마다 고유한 모양과 색을 가진 나뭇잎에 대해 이야기했다.

만약 우리가 시간을 내 진심으로 아이의 말에 귀 기울이고 아이의 행동을 보고, 아이들이 어떻게 느끼는지를 이해하려 한다면 아이들이 목표를 향해 노력할 때 힘들어하거나 성공한 것을 인정해주는 것이 훨씬 쉬울 것이다. 이런 이해는 아이가 혼자 노력하도록 내버려둘 때가 언제인지, 도움의 손길을 내밀어야 할 때가 언제인지를 판단하는 데 도움을 준다.

차근차근 한 걸음씩

아기의 손에 장난감을 쥐어 주지 않고, 스스로 손가락을 내밀며 기어가거나 굴러서 장난감을 찾도록 하는 것부터 우리는 자녀에게 목표를 가지는 것이 좋은 일이라는 것을 알려주는 것이다. 아기가 그 장난감을 쥐려고 시도할 때 박수치며 칭찬해주는 것으로 우리는 아기의 노력을 인정해주고 마침내 그것을 손에 움켜쥐었을 때 함께 기뻐해줄 수 있다.

아이들이 성장하면서 목표를 세우고 하나씩 달성하는 것은 자신감과 도전정신을 키우는 데 도움이 된다. 우리는 아이들이 스스로 정한 목표를 떠올리게 해주고 그 목표를 이룰 수 있다는 자신감을 갖도록 도와줘야 한다. 그러면서 실현 가능성을 확인시켜 줄 수 있다. 또한 아이들이 꿈꾸는 이상이 현실과 균형을 이루도록 조언해야 한다. 아이들이 목표를 달성하기 위해 노력하는 동안 우리는 격려와 지지를 보내며 지켜봐야 한다.

목표를 향해 나아갈 수 있는 최선의 방법은 먼저 자신이 성취하고자 하는 일이 무엇인지 정확히 파악하는 것이다. 그 다음 단계는 이를 위해 무엇을 해야 할지를 파악하고 목표 수행 단계를 세분화하는 것이다. 이처럼 단계를 밟아나가는 과정에서 아이들은 A를 먼저 하면 B가 따라오고 C를 가능하게 하는 것임을 배우며 최종적으로 모든 단계를 거치고 나면 목표를 달성할 수 있다는 사실을 알게 된다.

그러나 놀랍게도, 어른들조차 목표를 달성하기 위해 꼭 필요한 단계를 무시하는 사람이 아주 많다. 원하는 목표를 분명하게 설정하고 치밀한 전략을 세워 꾸준히 실행해 나가면서 중간 과정을 점검하고 아이들에게 그 과정에 대해 이야기해 주면서 마침내 목표를 이뤘을 때 자녀들에게 더 훌륭한 모본을 보여줄 수 있다.

집에 페인트칠을 하거나 정원에 나무를 심을 때 또는 수공예품을 만들 때도 목표를 설정하고 그 목표를 이루기 위한 단계를 계획하고 실행해 나가는 우리 모습을 지켜보면서 아이들은 목표를 이뤄나가는 효과적인 방법과 올바른 태도를 배울 수 있다.

다섯 살 난 재클린은 엄마 아빠의 침대를 정리해서 깜짝 놀라게 해주고 싶었다. 한참동안 침실을 이리저리 뛰어다니고 나서 재클린은 침대를 거의 정돈할 수 있었다.

"와! 정말 깨끗하게 정리했구나! 엄마 아빠에게 큰 도움이 되는구나!"라고 엄마 아빠가 재클린에 말하자 재클린은 흐뭇해하며 밖으로 놀러 나갔다.

아빠는 침대로 다가가 침대보 자락을 반듯하게 펴려고 손을 뻗었다.

"건드리지 말아요."

엄마가 웃으며 주의를 줬다.

"재클린이 한 일을 그대로 인정해 줘야죠. 아이의 기분을 망치지 말고 그대로 두는 게 어때요?"

"그러는 게 좋겠네요."

아빠도 고개를 끄덕였다. 말끔하게 정리된 침대보다는 딸의 배려와 노력을 인정해주는 것이 훨씬 더 중요하다는 엄마의 생각에 동의한 것이다.

연습, 연습, 연습

어떤 아이들은 노력과 결과의 상관관계를 이해하는 데 별 어려움을 겪지 않는다. 이런 아이들은 피아노나 체조·야구를 비롯해, 무슨 일이든 연습하면 할수록 더 잘하게 된다는 것을 알고 있다. 그러나 어떤 아이들은 이런 상관관계에 대한 이해력이 상대적으로 부족하다. 이 아이들은 노력이 축적돼 뛰어난 결과가 나올 수 있다는 것을 이해하지 못한다. 이들의 눈에는 성공적인 결과가 마술처럼 신기하다. 아이들에게 하루하루 노력하는 모습을 보여줌으로써 목표를 달성하거나 뛰어난 성취를 이루기 위해서는 마법이 필요한 것이 아니란 사실을 깨닫게 해야 한다.

열두 살 동갑내기인 엘리자베스와 클라라는 필드하키 팀의 여름캠프에 가려고 계획을 세우고 있었다. 둘 다 2주 동안 매일같이 필드에 나가 훈련받게 될 것이다. 클라라는 캠프에 가기 한 달 전부터 운동을 시작해서 체력을 길렀고 매일 아침 5킬로미터 정도를 달릴 수 있을 만큼 체력이 좋아졌다. 그러나 엘리자베스는 캠프가 시작되면 어떻게든 강도 높은 스케줄에 맞출 수 있을 거라고 생각했다. 엘리자베스의 엄마는 딸이 캠프에서 너무 힘들어할 것 같아 걱정됐다. 그러나 엄마가 이래라저래라 하는 걸 딸이 듣기 싫어 할 거라는 사실도 알고 있었다. 그래서 몇 가지 질문을 했다.

"캠프에 가면 하루에 몇 시간씩 연습하지? 혹시 캠프에서 사전에 어떻게 준비해야 한다고 말해 주지 않았니?"

엘리자베스의 엄마는 훈련을 대비해 체력을 길러 놓아야 한다거나, 엄마가 모든 것을 더 잘 알고 있다는 식으로 행동하지 않았다. 대신에 엘리자베스가 스스로 생각해볼 수 있도록 했다. 그러고 나서 캠프를 어떻게 준비해야 할지를 의논했다. 엘리자베스의 엄마는 적절한 시점에 사려 깊게 간접적으로 개입했고 엘리자베스는 체력을 기르기 위해 훈련을 시작하기로 결심했다.

목표를 위해 저축하기

아이가 용돈을 받는 것은 '돈의 가치'에 대해 배울 수 있는 기회다. 아이들이 용돈을 직접 관리하면, 모은 돈으로 정말 특별한 물건, 예를 들면 인라인 스케이트나, 컴퓨터 게임 CD, 인형 또는 자전거 등을 살 수 있다는 사실을 금방 깨닫게 된다. 아이들은 이 과정을 통해 자립심을 키우고 중요한 결정을 할 때 자주적인 결정을 할 수 있게 된다. 그리고 용돈을 받는 것은 아이들에게 더 많은 권리를 주고 돈을 어떻게 쓰는가에 대한 부모와의 의견 충돌을 최소한으로 줄여준다.

가정마다 용돈을 주는 방식은 다양하다. 어떤 가정에서는 아이들이 간단한 집안일을 한 대가로 용돈을 주고, 어떤 가정에서는 특별한 일을 해냈을 때 돈을 준다. 그런데 일상적인 집안일을 돕는 것에 대한 보상으로 용돈을 주는 것은 그다지 좋은 방법이 아니다. 예를 들어, 식탁 차리기나 정리하기, 쓰레기 버리기 또는 개밥 주기 등의 일은 용돈을 받을 만한 착한 일이 아니라 가족 구성원이라면 누구나 당연히 해야 하는 일이다. 그런 인식을 아이들에게 심어줘야 한다. 오히려 용돈은 가족의 일원으로서 가정의 수입을 함께 나누는 한 가지 방법이라고 알려줘야 한다. 즉 용돈이란 아이들도 가족의 중요한 일원으로 존재한다는 것을 인정해주는 수단이어야 한다.

  열두 살 난 샘은 봄이 오면 스케이트보드를 사겠다고 마음 먹었다. 그래서 몇 달 동안 용돈을 모으고 있었다. 샘의 부모는 스케이트보드가 반드시 필요한 물건이라고 생각하지 않았기 때문에 샘이 용돈을 모아 스케이트보드를 사도록 두었다. 샘도 스케이트보드가 반드시 필요한 것이 아니라 자기가 원하는 것일 뿐임을 인정했다. 하지만 벌써 3월이 됐는데도 20달러나 부족했다. 샘은 낙담할 수밖에 없었다.

  "겨울 내내 용돈을 모으다니 정말 잘했구나. 부족한 돈을 모으려면 뭘 할 수 있을까?"

  샘의 아빠가 물었다.

  "음, 정원 일을 하긴 아직 너무 이르죠."

  샘이 의기소침해서 대답했다.

  "그래, 하지만 세차를 하기엔 딱 좋은 시기지. 겨울 내내 차에 쌓인 먼지와 때를 닦아내야 하잖아."

아빠가 웃으며 말했다. 샘은 아빠의 말을 듣고 얼굴이 환해졌다.

"맞아요! 봄맞이를 해야죠."

그래서 샘은 이웃에 전단을 돌리고 결국 차 여섯 대를 세차했다. 샘은 동생을 조수로 고용하기까지 했다.

샘의 아빠는 그동안 샘이 돈을 모으기 위해 노력한 것을 인정해주고 부족한 액수를 채울 수 있는 구체적인 방법을 제시해줌으로써 스케이트보드를 사기 위해 돈을 모은 샘의 노력을 지지해줬다. 샘은 이 경험을 통해 돈을 저축하고 돈을 버는 것에 관해 배울 수 있었다. 더 중요한 것은 샘이 자신의 목표를 포기하지 않고 그 목표를 달성하는 방법을 찾을 때까지 노력하는 법을 배웠다는 사실이다.

목표를 향해 나아가도록 돕기

우리는 자녀들이 낙천적이고 자신감 있게 꿈과 목표를 바라보길 바란다. 물론 낙담하는 순간도 있을 것이다. 하지만 그 과정에서 각 단계를 넘어설 때 아이들을 인정해주고 설령 아이들이 좌절할 때도 포기하지 않고 끈기 있게 목표를 추구하도록 격려해 준다면 아이들은 긍정적인 태도로 자신이 정한 목표를 이뤄나갈 수 있을 것이다. 아이들을 인정해주고 낙천적인 태도를 가질 수 있도록 격려해줄 기회는 많다.

인정받으며 자라는 아이들은 목표를 갖는 것이 좋은 일이라는 것을 배운다

어느 날 오후, 나는 초인종 소리를 듣고 밖으로 나갔다. 현관 밖에서는 환한 얼굴로 나를 올려다보는 아이 네 명이 있었다. 이웃의 여덟 살 난 딸아이와 그 아이의 친구 세 명이었다. 아이들은 한쪽 끝에는 찰흙으로 만든 공이 달려 있고 다른 쪽에는 반짝이는 유리 조각들이 달려 있는 색색의 실끈을 하나씩 들고 있었다.

"우리가 만들었어요! 누구나 하나씩 이런 게 필요하잖아요. 그리고 겨우 50센트밖에 안 해요."

아이들이 말했다. 아이들의 열성은 불가항력적이었다.

나는 그중 두 개를 샀다. '그것'들은 지금 식탁 옆 창가에 걸려 있고 아침 햇살이 비칠 때마다 실에 매달린 유리 조각에 빛이 반사돼 색색으로 아름답게 반짝거린다. 이게 대체 뭘까? 뭐에 쓰는 걸까? 나는 모른다. 나는 그저 아이들의 도전정신을 격려해주고 목표를 가지는 것이 좋은 일이라는 것을 가르쳐주고 싶어서 그것을 사줬을 뿐이다. 그리고 그 실끈들은 볼 때마다 미소를 짓게 하고 나 자신에게도 용기를 북돋아준다. 그래서 우리 집 주방에 그것을 계속 걸어둘 것이다.

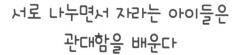

서로 나누면서 자라는 아이들은
관대함을 배운다

If children live with sharing,
they learn generosity.

가족과 함께 생활한다는 것은 다른 사람과 시간, 공간 그리고 에너지를 나누며 살아가는 것이다. 자녀들은 가족 안에서 협력하고 타협하는 것을 경험하면서 다른 사람과 나누는 법을 배운다. 그것이 집에 하나뿐인 욕실을 함께 사용하는 것이든 장난감이나 자동차 또는 가정의 수입을 함께 나누는 것이든 간에 말이다.

우리가 다른 사람과 또는 자녀들과 기쁘게 나누는 모습을 경험하게 해줄 때 자녀들은 관대함을 배울 수 있다. 진정한 관대함은 가르친다고 배워지는 것이 아니다. 자녀가 본받을 수 있도록 이기적이지 않고 나누는 모범을 보여줌으로써 자녀가 깨우치도록 하는 것이다.

부모들은 종종 어린 자녀에게 '반드시' 다른 사람들과 나눠야만 한다고 말한다. 부모들은 이렇게 말하는 것이 아이들에게 남들과 나누는 방법을 가르치는 것이라고 생각할지 모르지만, 실제로 아이들은 부모가 말하는 대로 해야 한다는 것만 배울 뿐, 진심으로 다른 사람들과 나누는 너그러운 마음에 대해서는 아무것도 배우지 못한다.

나눔의 시작

인정하자. 우리가 아이들에게 남과 나누어야 한다고 말하는 이유는 자녀들이 다른 사람들에게 이기적으로 보이지 않았으면 하는 마음 때문이다. 하지만 어린 나이에는 나눔이라는 것을 배우는 데 한계가 있다. 이타적인 마음을 갖기 위해서는 다른 사람들의 감정과 필요를 판단할 수 있는 능력이 있어야 한다. 아주 어린 아이들은 다른 사람의 입장에서 생각해볼 수 있는 능력이 없기 때문에 다른 사람과 뭔가를 나눠 가질 수 없다. 다른 사람의 입장에서 세상을 보는 능력은 아이들이 어른으로 성장할 때까지 아주 오랜 기간에 걸쳐 계발된다.

다른 사람과 나누는 방법을 조금씩 가르쳐 나가는 것이 바로 부모가 할 일 중 하나다. 아이들에게 나눔을 가르칠 때는 희생이 뒤따르지 않는 것부터 실천하게 하는 것이 좋다. 아이가 아주 어릴 때부터, 막 걸음마를 떼는 시절에도 몇 가지 핵심 단어를 강조하면서, 전체를 여럿으로 쪼개는 것이 바로 나누는 것이라는 개념을 알려주는 것으로 나눔에 대해 가르칠 수 있다. "당근을 나누는 거야. 자, 너도 조금 먹고 엄마도 조금 먹고." 또는 "엄마도 쿠키 한 개, 아빠도 쿠키 한 개, 너도 쿠키 한 개." 이런 식으로 가르치는 것이 좋다. 아이들은 자라면서 더 복잡한 나눔의 방식을 배우게 된다. 자기가 먹기 전에 손님을 먼저 접대해야 한다든지 차례대로 돌아가면서 놀이기구를 타는 것처럼 말이다.

어린 아이들은 또래들과 어울려 놀면서 사회생활을 시작하는데, 심리학자들은 이때의 놀이를 '병렬 놀이'라고 부른다. 유아들은 다른 아이가 곁에 있다는 사실을 인식하고 즐거워하지만 그다지 어울려 놀지는 않는다. 두 살 반 정도가 되면 아이들은 그제야 실제로 여럿이 어울려 놀 수 있는 능력이 생긴다. 이 시기는 아이들의 사회성 발달에 매우 중요하다. 아이들은 이 시점에 드디어 나눔의 기본을 배울 수 있기 때문이다.

두 살 어린이반에 들어간 토마스가 나무 트럭을 여러 개 가지고 놀고 있는데 동갑내기 데이비드가 슬금슬금 다가와 트럭 중 하나를 집어든다. 토마스는 곧바로 데이비드에게서 트럭을 빼앗아 버린다.

이런 순간 대부분의 어른들이 끼어들어 토마스에게 장난감을 함께 가지고 놀라고 말할 것이다. 하지만 그보다는 아이들이 스스로 깨닫고 해결할 수 있도록 내버려두는 것이 더 좋다. 만일 토마스가 데이비드와 트럭을 함께 가지고 노는 것을 거부한다면 한동안 같이 놀 친구가 없을 것이다. 그렇게 충분히 혼자 놀다 보면 토마스는 함께 나누는 것에도 좋은 점이 있다는 것, 가령 놀이 친구가 생긴다는 것 등을 깨달을지 모른다. 그 시점에 개입해 토마스에게 데이비드와 함께 놀라고 할 수 있다. 그러나 만약 토마스가 여전히 싫다고 하면 억지로 강요해서는 안 된다. 이 경우, 데이비드에게 토마스가 나중에는 함께 놀고 싶어 할지 모른다고 말해 주고 데이비드가 따로 가지고 놀 수 있는 다른 장난감을 찾도록 도와주는 것이 좋다.

보통 이 과정에 호기심이라는 본능이 큰 도움이 된다. 토마스에게 함께 노는 걸 거절당한 데이비드는 '노아의 방주'라는 놀이기구 세트를 가지고 혼자 놀기 시작했다. 노아의 방주는 예쁘게 색칠된 동물로 가득 채워진 나무 배다. 토마스는 데이비드 쪽을 힐끗 쳐다봤다. 동물들이 멋있어 보였고 데이비드가 동물을 가지고 아주 재미있게 노는 것 같았다. 토마스는 데이비드를 계속 지켜보다가 점점 관심이 커졌다. 마침내 자기 트럭을 몇 개 들고 데이비드에게 다가갔다. 그리고 그중 하나를 데이비드에게 건네주면서 방주 안에 넣으라고 했다. 그러자 데이비드는 그 보답으로 트럭에 넣으라고 얼룩말 한 쌍을 줬다. 이 아이들은 혼자 노는 것보다 함께 노는 것이 훨씬 더 재미있다는 사실을 배우게 된다.

우리는 아이들이 성장하면서 다른 사람과 기꺼이 나누고자 하는 마음을 키워가길 바란다. 아이들이 언제나 착한 마음으로 하루를 보낼 것이라고 기대하는 것은 무리다. 다른 사람들에게 나누는 것이 손해가 아니라는 것을 이해시키는 것이 필요하다. 그것은 나누는 것이 모든 사람에게 이익이 된다는 것을 이해할 수 있는 상황을 만들어 줌으로써 가능하다.

네 살 난 앤디는 친구와 놀기 위해 제프네 집에 갔다. 제프는 장난감으로 가득한 방에서 이젤에 깨끗한 도화지를 올려놓았다. 앤디가 다가가 말했다.

"나도 색칠하고 싶어."

그러자 제프는 재빨리 붓을 모두 움켜쥐었다. 분위기가 심상치 않다는 것을 눈치 챈 제프의 엄마는 재빨리 여분의 붓과 훨씬 더 커다란 도화지를 갖다줬다.

"자, 얘들아. 이것 좀 봐."

엄마가 말했다.

"우리가 여기에 어떤 그림을 그리면 좋을까?"

아이들은 금방 얼굴이 밝아졌다. 나눈다는 것은 둘 다 더 많은 것, 더 큰 종이와 더 많은 물감을 얻게 된다는 의미를 가르칠 수 있는 기회였다. 제프의 엄마는 아이들이 더 쉽게 함께 나눌 수 있도록 도와줬다.

유치원에 들어가기 훨씬 전부터 대부분의 아이들은 나눔과 소유의 기본적인 개념을 완전히 이해한다. 이 연령대의 아이들은 무엇이 자기 것이고 무엇이 다른 사람들의 것인지를 알고 어떤 것들은 모든 사람이 나누어 쓰는 것이라는 사실을 이해한다. 걸음마쟁이

유아들이 노는 곳에서는 "내 거야!", "아냐, 내 거야!", "아냐, 내 거라니까!"라는 날카로운 소리와 울음소리가 여기저기서 쉴 새 없이 터져 나온다. 아이들이 학교생활을 시작하기 전에 가장 많이 배우는 중요한 것 중 하나가 바로 언제 어떻게 다른 사람들과 나눠야 하는가다.

물론 아이들의 소유물 중 곰돌이 인형, 어릴 때부터 꼭 지니고 다니는 특별한 담요 등은 아이에게 특별히 개인적인 의미를 가지고 있다는 사실을 이해해줘야 한다. 이런 물건들은 따뜻함, 위로, 사랑 그리고 안정감을 준다. 마치 아이들이 엄마 품에 안겨 있는 듯한 기분을 느끼게 해주는 것이다. 가족은 아이들의 이런 물건들을 존중해야 한다. 자신만의 보물을 남과 나눠 가지라고 해서는 안 된다. 또한 훈육의 목적이나 아이를 놀리기 위해서 그 물건을 빼앗아서도 안 된다. 만약 형제자매나 집에 놀러온 친구가 그런 소중한 물건을 억지로 빼앗으려고 할 때도, 아이에게 그것을 포기하라고 강요해서는 절대 안 된다.

그때는 그것을 빼앗으려는 아이에게 이 물건들은 함께 나눌 수 없는 것이라는 사실을 설명해 주고 다른 물건을 가지고 놀라고 타일러야 한다. 그리고 반드시 기억하라. 오래된 '소중한 담요'는 유행이 지나서 버리는 것이 아니다. 너무 오랫동안 써서 더 이상 쓸 수 없을 만큼 낡아빠져서 버리는 것이다. 하지만 때로 아이들은 곰 인형을 대학생이 된 후에도, 또는 그보다 더 오랫동안 간직하기도 한다!

"아기를 돌려보내!"

어린아이가 남과 함께 나누기 가장 힘든 것 중 하나는 동생이 태어난 후 겪게 되는 부모의 관심이다. 첫째아이는 동생에게 뭔가를 뺏긴 느낌을 갖는다. 부모는 이제 두 아이를 보살피느라 정신이 없고 두 아이를 보살피기 위해 소요되는 시간과 에너지도 엄청나게 늘어난다. 셋째나 그 다음 자녀의 탄생은 둘째아이의 탄생만큼 힘들지는 않다. 왜냐하면 그때쯤이면 이미 두 자녀가 나누는 것에 익숙해져 있기 때문이다.

네 살 난 데릴은 남동생이 생길 것이라는 것을 알고 처음에는 신이 났다. 집안의 큰형 노릇을 할 날을 손꼽아 기다렸다. 그런데 아기가 병원에서 집으로 온 후의 상황은 데릴이 상상했던 것처럼 즐겁지만은 않았다.

"엄마는 나랑 더 이상 놀아주지 않아."

데릴은 엄마에게 불평을 했다. 엄마는 한숨을 쉬었다. 엄마는 뼛속까지 지쳐 있었다.

"동생이 태어나서 전처럼 데릴하고 계속 놀아줄 수가 없네. 이따가 오후에 동생이 잠들면 우리 같이 미술놀이를 할래?"

엄마는 이렇게 말하면서도 낮잠을 잘 수 있으면 좋겠다고 간절히 바랐다.

데릴의 부모는 데릴이 동생이 태어난다는 사실에 마음의 준비를 할 수 있도록 했고, 엄마 아빠가 데릴이 좋은 형이 돼 달라고 말하곤 했다. 엄마 아빠는 짧지만 매일 각자 데릴과 오붓한 시간을 보내려고 노력했다. 집에 찾아오는 친지와 친구도 데릴의 입장을 이해하고 조심스러워했고 특별히 관심을 보이려고 노력했다. 어떤 손님들은 데릴에게 줄 선물까지 가져왔다. 이 일들은 데릴이 힘든 감정들을 누그러뜨리는 데 도움이 됐다.

그러나 데릴이 혼자일 때 누리던 특권을 잃었고, 부모의 더 많은 보살핌이 필요한 아기와 함께 부모의 사랑과 관심을 나눠야 한다는 사실은 변함 없다. 데릴에게 이것은 심각한 권리 침해다. 가끔 동생이 생김으로써 언니 오빠가 된 아이들이 부모의 더 많은 관심을 요구하기도 하지만 태어난 아기를 돌려보낼 수는 없는 노릇 아닌가? 첫째아이가 느끼는 감정을 진지하게 받아들이고 아이와 함께 특별한 시간을 보내도록 최선을 다해야 한다.

아이와 우리 자신을 공유하기

진정한 관대함은 열린 마음으로 아무 보상도 바라지 않고 기꺼이 베푸는 것이다. 이렇게 베푸는 이유는 상대에게 그것이 필요하고 우리가 그들을 아끼고 배려하기 때문이다. 희생이나 불편이 따르더라도 이를 손해라고 생각하지 않는다. 이런 종류의 나눔은 이미 그 자체가 보상이다.

나눔에 대한 이런 설명은 부모로서 우리가 아이에게 '실천하는 베풂'의 중요한 특성을 보여 준다. 우리는 아이들이 우리를 필요로 하기 때문에 사랑을 베푼다. 아이들이 몹시 힘겨워할 때는 할 일을 제쳐놓고 아이의 필요를 채워주기 위해 최선을 다한다. 그러나 아이들에게 구체적이고 즉각적인 보답을 바란다면 실망할 수 있다. 우리가 그런 사랑과 희생을 계속해 나갈 수 있도록 해주는 것은 어떤 보상이나 보답을 바라서가 아니다. 그것은 아이들이 태어나는 순간부터 우리 마음속에 끓어오르는 강렬한 사랑 때문이다.

아이들에게 가장 필요한 선물은 옆에 있어 주는 것과 관심을 기울여주는 것이다. 아이의 나이와 상관없이 그저 옆에 있어 주는 것만으로 아이들에게 힘이 된다는 사실을 결코 잊어서는 안 된다. 하지만 어떤 경우에는 아이들과 함께하는 시간을 내는 것이 가장 어려운 일일 수도 있다. 수많은 부모들이 정신없이 돌아가는 바쁜 일정을 소화하기에 급급하다. 일, 가정, 결혼생활 그리고 자녀들 사이에서 신경 쓸 일이 많기 때문이다.

아내와 이혼을 한 어느 아빠가 열한 살 난 아들과 좀 더 특별한 시간을 보내야겠다고 마음먹었다.

"우리 뭔가 같이 할 수 있는 특별한 일을 계획해 보자. 우리 둘만 같이 하는 거야. 언제?"

아이는 의심스런 눈으로 아빠를 보며 자못 심각하게 물었다.

"어떻게요?"

잃어버린 시간을 만회할 수는 없다. 따라서 주어진 시간을 의미 있게 보내는 것이 훨씬 더 중요하다. 이런 관점에서 볼 때 우리는 살아가면서 선택을 해야 할 때 자신에게 전적으로 솔직해져야 한다. "지금은 열심히 일하고 야근이 많아도 참자. 어느 정도 성공한 후에 가족과 더 많은 시간을 보낼 거야."라고 되뇔 때 자신은 속일 수 있을지 몰라도 아이들은 속이지 못한다.

우리가 곁에 있든 없든 아이들은 자란다. 우리가 더 많은 시간을 함께 보낼 준비가 됐을 때는 아이들이 우리를 받아들이지 않거나 우리와 함께할 시간이 없을지도 모른다. 그러므로 아이들과 함께 보내는 시간을 최우선으로 여겨야 한다. 경제적인 어려움이나 직업 상의 스트레스에 쫓겨 그런 시간을 마련하는 것이 현실적으로 굉장히 힘들 수도 있다. 하지만 아이들이 얼마나 빨리 성장하는지를 잊지 않고 최대한 아이들 곁에 있어 주려고 노력하는 것은 매우 중요하다.

그러나 우리는 아이들과 함께 시간을 보내고 있지만 실제로는 조금도 교감하지 못하고 있는 경우도 있다.

프랭크의 엄마는 교회의 주일학교 활동에 적극 참여하며 봉사하고 있었다. 프랭크가 주일학교 학생이었을 때 프랭크는 엄마가 주일학교의 인솔자라는 사실이 매우 자랑스러웠다. 그런데 프랭크가 더 나이를 먹고 운동부에 가입해서 주말에 경기를 하게 되자 갈등이 생겼다.

주말 축구반에 가입한 후부터는 관람석에서 지켜봐 주는 이 하나 없이 축구경기를 해야 했다. 엄마는 주일학교 모임에 참석하느라 몹시 바쁘기 때문이다. 프랭크의 엄마는 주일학교보다 프랭크를 위해 더 많은 시간과 노력을 기울여야 한다고 생각하고 있었지만 언제나 성공적으로 행사를 기획하고 마무리 지어야 직성이 풀리는 성격이어서 자신이 책임지고 있는 주일학교 봉사를 포기하는 것이 쉽지 않았다.

"빌리네 엄마도 응원하러 왔어요. 빌리는 거의 벤치만 지키는 처지인데도 말이에요."

프랭크가 불만을 터뜨렸다.

프랭크는 이제 전과 다른 방식으로 엄마의 시간과 관심이 필요해졌다. 프랭크는 지금 자신이 하는 일에 엄마가 함께 해주기를 원하고 있다.

우리의 시간과 에너지는 한정적이다. 우리는 아이들이 성장하고 발달하는 과정에 따라 지속적으로 우리의 우선순위, 활동 그리고 책임을 재검토해야 한다. 아이들이 원하는 것은 바뀐다는 것을 알고 그때마다 융통성 있게 우리의 시간을 배분해야 한다. 자녀의 인생에 일어나는 변화에 발맞춰 아이들이 어릴 때는 물론이고 더 나이 들었을 때도 변함없이 함께 있어줘야 한다.

우리보다 덜 가진 이웃과 함께 나누기

도움이 필요한 어려운 이들을 도와줄 때 아이는 나눔의 또 다른 차원을 경험할 수 있다. 아이들은 보통 학교나 종교단체의 봉사활동을 통해 연말, 크리스마스쯤에 음식이나 장난감 등을 모아 불우한 이웃에게 전달하는 일에 참여하게 된다. 아이들은 대부분 이런 나눔 행사에 참가하는 것을 매우 기뻐한다.

이를 통해 아이들은 자기 집에는 음식과 장난감이 넘칠 정도로 많다는 사실을 새삼 깨닫고, 그것을 충분히 가지고 있지 않은 아이들이 얼마나 슬플까를 이해할 수 있다. 게다가 아이들은 특별한 희생 없이 다른 이들에게 베푸는 행사에 동참하는 기분 좋은 감정을 느낄 수 있다. 그런 기회를 이용해 아이들이 어려운 사람과 함께 나누는 즐거움을 배울 수 있도록 도와야 한다.

어떤 아이들은 일단 누군가가 도움이 필요하다는 것을 인식하면 스스로 마음이 움직여 직접적인 방법으로 도움을 주려고 한다. 이때는 아이들이 남을 도우려는 본능을 실천으로 옮길 수 있도록 격려해야 한다. 설령 그로 인해 우리가 어느 정도 불편이나 희생을 감수해야 할지라도 말이다. 아이들이 어려운 이웃을 도울 방법을 알아내는 데 우리의 도움이 필요할 수도 있다. 봉사활동을 하려고 자유시간을 포기할 수도 있고 가치있는 일에 쓰기 위해 용돈의 일부를 기부할 수도 있다. 아이들은 이렇게 훌륭한 일들을 자발적으로 할 수 있다.

열한 살인 한 소년이 담요 모으기 운동을 시작했다. 이 운동은 시간이 흐르면서 노숙자들을 위한 외투, 뜨거운 커피 그리고 샌드위치를 제공하는 봉사활동으로 규모가 커졌다. 어른들이 이 소년의 기부 운동이 확산되는 데 돕기는 했지만 자선 운동의 중심은 소년이었다. 소년은 담요와 외투를 나르며 앞장서서 활동했고 유명한 기부단체의 대변인이 됐다.

나눔의 열매

나눔이 삶의 방식으로 자리 잡은 가정에서 자랄 때 아이들은 베푸는 것의 중요성을 인식할 뿐 아니라 베푸는 즐거움도 경험하게 된다. 십대가 되면서 아이들은 부모가 베푸는 종류의 사랑이 어떤 것인지를 이해하기 시작한다. 그리고 이 시점이 되면 아이들은 자신이 받은 사랑에 보답하기 시작한다.

어느 날 새디의 엄마는 밤늦게까지 딸의 단어 공부를 도와줬다. 아침에 일어나서 엄마는 새디가 남긴 쪽지를 발견했다.

"엄마, 밤늦게까지 제 공부를 도와주셔서 고마워요. 엄마가 도와주시는 것에 대해 진심으로 감사하고 있어요."

아이들이 우리가 베푸는 사랑에 감사하는 마음을 표현하기 시작할 때 아이들이 관대함이 무엇인지 진정으로 알아가고 있다고 믿고 안도해도 좋다. 우리는 자녀들이 자신이 속한 공동체에 기여하고 자신의 시간, 에너지, 관심 그리고 자신이 소유한 것을 나누는 사람이 되길 바란다. 누구나 이런 수준의 관용에 도달할 수 있는 것은 아니다. 충만한 삶을 살아가는 사람들만 이런 베풂을 실천할 수 있다. 바로 이런 사람들이 세상을 더 아름다운 곳으로 만들어 나간다.

정직함 속에서 자라는 아이들은
진실함을 배운다

If children live with honesty,
they learn truthfulness.

진실함이란 가르치기 어려운 품성 중 하나다. 대부분의 부모가 정직함과 진실함이 중요한 품성이라는 사실에 동의하지만 현실 속에서 하루하루 정직하게 살아가는 사람은 아무도 없다. 정도의 차이가 있겠지만 우리 모두 완벽하게 정직하지는 못하다. 그리고 언제 어떻게 또 어느 정도까지 솔직해야 하는지를 결정하는 것은 매우 복잡하면서도 지극히 개인적인 문제다.

우리는 보통 자녀들에게 산타클로스 이야기나 요정 이야기 같은 것을 들려준다. 그런데 어떤 부모는 이런 종류의 이야기가 일종의 거짓말이라고 여긴다. 반면 어떤 부모는 비행기 항공료나 영화관 입장료를 줄여 보려고 아이의 나이를 속이는 것쯤은 괜찮다고 생각한다. 대부분은 아주 가끔이라도 '사소한 선의의 거짓말'을 하면서 산다. 우리 생활을 좀 더 편하게 만들기 위해, 시간을 절약하기 위해 또는 다른 사람들에게 상처 주지 않기 위해서다.

그러나 아이들은 우리가 정직함을 가치 있게 여기고 진실을 말하길 바란다는 사실을 알고 있다. 하지만 동시에 아이들은 우리의 모순된 모습을 목격하기도 하고 어떤 상황에서는 아이들의 솔직함이 우리의 기분을 상하게 할 때도 있다. 그러면 어떻게 해야 아이들에게 솔직하다는 것이 얼마나 복잡하고 미묘한 일인지를 이해시키고, 정직한 태도의 중요성을 가르쳐줄 수 있을까?

문제의 진실

먼저 정직함과 진실함이란 본질적으로는 같지만 다른 면을 가지고 있는 동전의 양면과 같다는 사실을 이해시킬 필요가 있다. 정직이란 개념은 어떤 상황이나 경험을 왜곡하거나, 자기가 희망하는 대로 부풀리거나, 회피하거나 부정하지 않고 있는 그대로 볼 수 있는 능력을 포함한 아주 광범위한 행동양식이다. 그리고 진실은 우리가 보고 경험한 것을 정확하고 명확하게 전달할 수 있는 능력을 말한다.

아이들은 진실 또는 진실의 일부를 말하지 않고 덮어두는 것이 더 나은지, 아니면 진실을 모두 밝히는 것이 나은지를 판단할 수 있는 분별력을 키워야 하는데, 그러기 위해서는 거짓말과 정직한 실수의 차이를 이해할 수 있어야 한다. 거짓말은 단지 잘못된 사실을 말했다는 것이 아니라 의도적으로 속이려는 것이기에 잘못된 것이다. 아이들이 어떤 상황에서 무슨 일이 일어났는지 또는 그들이 무슨 일을 했는지에 관해 숨기지 않고 전부 정확하게 부모에게 말할 수 있기를 바란다.

그렇게 하기 위한 첫 번째 단계는 진실을 마주보는 것이 불편하거나 그렇게 하고 싶지 않을 때라 할지라도 아이들이 진실을 마주보고 받아들일 수 있도록 가르치는 것이다. 이것은 사실과 다양한 종류의 허구(희망사항이나 있는 그대로가 아닌 다른 사람들이 듣고 싶어 하는 말을 하는 것 또는 그저 상상력의 비약으로 꾸며낸 이야기 등)를 구별하는 법을 가르치는 것도 포함한다.

어떤 일이 어떻게 일어났는지를 정직하게 설명하기 어려워하는 경우는 대부분 진실을 말한 후의 결과를 두려워하거나 다른 사람을 보호하거나 자신에게 쏟아질 비난이나 벌을 피하기 위해서다. 뭔가 잘못을 저질렀을지라도 진실을 말하는 것으로 칭찬받을 수 있는 분위기를 만들어주면 아이들은 정직한 태도를 가질 수 있다.

그러나 아이들이 무슨 짓을 저질렀든 '진실을 말하기만 하면 만사 OK'라는 식으로 생각해서는 안 된다. 또한 아이들이 진실을 말할 때 우리가 보일 반응이 너무 무서워서 거짓말을 하고 싶은 유혹에 빠지도록 만들어서도 안 된다. 이런 관점에서 볼 때 우리가 아이들을 도와줄 수 있는 한 가지 방법은, 일어난 일 자체에 초점을 맞추는 것이다.

"지난밤에 현관에 테니스 라켓이 떨어져 있던데 어떻게 된 걸까?"

엄마가 열일곱 살, 아홉 살인 두 딸에게 물었다. 두 아이는 자신들이 곤경에 처했다는 사실을 깨닫고 안절부절못하며 서로 쳐다봤다.

"저기……."

둘째딸이 입을 열었다.

"내가 차에서 내릴 때 배낭이랑 다른 물건들이랑 함께 테니스 라켓을 옮겼어. 현관문을 열다가 바닥에 떨어뜨렸나 봐."

언니도 거들고 나섰다.

"내가 가져오겠다고 했는데 다시 돌아가서 주워오는 걸 잊어버렸어."

엄마는 상황을 파악하고 두 딸에게 진지하게 부탁했다.

"다음부터는 집안까지 확실히 가져오도록 해 줘. 밤새도록 밖에 두면 쉽게 망가질 수도 있어."

만일 엄마의 질문이 누가 책임이 있느냐에 초점을 둔 것이었다면 아이들은 상대방을 탓하며 책임을 떠넘기려고 했을지도 모른다. 엄마가 딸들이 솔직한 대답을 하도록 유도하는 질문을 던졌기에 아이들은 각자 자신의 잘못을 자발적으로 말했다. 그리고 작은 실수지만 두 아이가 함께 책임을 질 수 있게 했다.

오로지 진실만을

아이들은 거짓말을 해서는 안 된다는 것을 알면서도 한 번쯤 거짓말을 시도해 본다. 그러므로 부모로서 반드시 익혀야 할 중요한 양육기술 중 하나는 아이들이 거짓말할 때의 대처 방법이다. 이것은 매우 미묘한 문제다. 겁을 주지 않고 우리가 아이들 편이라는 사실을 이해시키는 방법으로 아이들을 추궁해야 한다. 아이를 교묘하게 함정에 빠뜨리거나 막다른 구석에 몰아세워 아이들이 거짓말하고 싶은 유혹에 빠지게 해서는 안 된다.

그러나 아이들이 거짓말을 하는 현장을 목격했을 때는 단호하게 대처해야 하며 우리가 정직한 태도를 얼마나 중요하게 여기고 있는지를 분명하게 이해시켜야 한다.

네 살 난 에린과 엄마는 유치원에서 열리는 제과 바자회를 위한 쿠키를 함께 만들었다. 그날 오후 늦게 엄마가 책상 앞에 앉아 일을 하는 동안 에린이 엄마에게 뭔가를 말하려 달려왔다. 에린의 입가에는 쿠키 부스러기와 초콜릿이 묻어 있었다.

"에린, 네 얼굴에 초콜릿이 묻어 있네. 너 혹시 빵 바구니에 담아 놓은 쿠키를 먹었니?"

엄마의 물음에 에린은 고개를 흔들었다. 아이는 눈을 동그랗게 뜨고 아니라고 대답했다. 엄마는 재빨리 조심스럽게 대화를 이끌어야 한다는 사실을 깨달았다. 엄마가 부드럽게 말했다.

"그래, 우리 처음부터 다시 이야기해 보자, 아가. 엄마한테 솔직하게 말해 줘. 우리가 만들어둔 쿠키를 먹었니? 그랬어도 괜찮아. 엄마는 사실을 알고

198

싶어."

"아, 그러니까 딱 한 개 먹은 것 같아."

에린이 손가락을 빨면서 말했다.

"정말 딱 한 개만?"

엄마가 물었다.

"아니, 두 개."

에린이 대답했다.

"그게 정말인 거지?"

엄마가 물었다. 아이가 당당하게 고개를 끄덕였다.

"네가 정직해서 엄마는 정말 기뻐, 에린."

엄마가 말했다.

"정직한 건 아주 중요한 거야."

"알았어, 근데 나 쿠키 하나 더 먹어도 돼?"

"지금은 안 돼. 지금은 저녁 먹을 시간이야. 그리고 바자회를 위해서 쿠키를 남겨둬야 해. 다음에는 쿠키가 먹고 싶으면 엄마에게 물어보면 좋겠어. 그러면 우리 둘이 상의해 볼 수 있잖아. 알았지?"

에린의 거짓말은 심각한 것이 아니었고 엄마도 바빴기 때문에 그냥 넘어갈 수도 있었다. 하지만 그랬다면 엄마가 진실함을 얼마나 소중하게 생각하고 있는지를 딸에게 알려줄 기회를 놓쳤을 것이다. 어떤 부모는 쿠키를 먹은 사실에 대해 거짓말을 한 에린을 호되게

혼냈을 수도 있다. 하지만 그렇게 한다면 오히려 아이들에게 더 뛰어난 거짓말쟁이가 되라고, 숨어서 몰래 훔쳐 먹으라고 가르치게 될지도 모른다. 부모와 자식 간에 진실해야 한다는 것은 중요한 원칙이다. 따라서 그만큼 진지하게 짚고 넘어가야 한다.

이야기와 거짓말

아이들에게 진실함이 얼마나 중요한지를 가르치다 보면 또 다른 난제에 부딪히게 된다. 가상의 이야기를 하는 것과 거짓말의 차이점이다. 아이들은 놀라울 정도로 상상력이 풍부한데 그런 상상력을 가로막아서는 안 된다. 진실함에 대한 설명을 할 때 즐거움을 위해서 가상의 이야기를 지어낼 수도 있다는 사실을 알려주고 아이들이 상상의 나래를 펴 만들어낸 이야기를 함께 나누면서 격려해줘야 한다. 우리가 충분히 주의를 기울여서 접근한다면 이야기의 본질에 대한 토론을 통해 사실과 허구를 구별하는 것을 가르쳐줄 수도 있다.

세 살배기 앤서니의 엄마는 정신이 없었다. 약속에 늦은 데다 열쇠도 찾을 수 없었다.

"분명히 여기 있었는데 대체 어디로 간 거야?"

"내 생각에는 괴물이 가져간 것 같아."

앤서니가 진지하게 말했다.

"음, 괴물 말이지? 그럼, 혹시 괴물이 열쇠를 어디에 뒀는지 알아?"

"장난감 상자에 두었지!"

앤서니는 신나서 외쳤다. 엄마는 장난감 상자에 손을 뻗어 열쇠를 꺼냈다.

"지금 엄마한테 이야기 들려주는 거야? 엄마 생각엔 그런 것 같은데! 그리고 진짜 괴물은 바로 너지!"

엄마가 손을 뻗어 간지럼을 태우자 앤서니는 깔깔 웃었다.

"괴물님."

엄마는 자동차 열쇠를 아들의 손이 닿지 않는 곳에 둬야겠다고 생각하면서 이렇게 덧붙였다.

"자동차 열쇠는 가지고 노는 게 아냐. 만약 잃어버리면 자동차를 운전할 수가 없잖아. 제발 다시는 가져가지 말아줘."

우리는 진실과 가상의 이야기 사이에 분명하게 선을 긋고 구분하면서도 이야기를 즐기고 소중하게 여기도록 분위기를 만들 수 있다. 또한 아이들이 진실과 허구의 본질에 대한 이해를 키워나감으로써 산타클로스나 요정 같은, 아이들이 믿고 싶어 하는 이야기들의 진실을 발견하도록 도와줄 수 있다.

엄마 아빠 그리고 일곱 살 난 케빈은 차를 타고 크리스마스 선물을 사러 가는 중이었다. 그때 케빈은 엄마 아빠가 우려하던 질문을 했다.

"산타클로스는 정말 있는 거야? 폴의 엄마는 산타가 북극에 살고 있대. 제니의 아빠는 산타클로스는 선물의 요정이라고 하고. 메리네 언니는 산타는 그냥 상상의 인물이래. 산타는 진짜야, 아니야?"

엄마는 심호흡을 한 후 조심스럽게 대답했다.

"있잖아, 케빈. 세상에는 우리가 이해할 수 없는 것이 아주아주 많아. 산타 이야기도 우리가 알 수 없는 멋진 이야기라고 받아들이면 어떨까?"

케빈은 다시 뒷좌석에 머리를 기대면서 미소를 지었다.

지금으로서는 이 정도의 대답이 케빈에게 충분히 만족스럽다. 케빈은 산타클로스가 있다고 믿고 싶고, 엄마 아빠는 케빈이 그렇게 믿어도 된다고 해줬다. 동시에 엄마의 대답은 케빈이 이런 질문을 하는 것 자체가 케빈이 성숙해가는 것이라는 사실을 존중하고 앞으로 산타가 진짜 누구인지에 대해 케빈의 이해가 바뀔 수 있는 여지를 남겨 뒀다. 케빈이 더 나이가 들면 아마 엄마도 최대한 진실하게 대답했으며 산타클로스의 본질에 대해 더 성숙한 시각을 키울 수 있도록 이끌어줬다는 사실을 깨닫고 감사해할 것이다.

사소한 선의의 거짓말

어떤 문제를 두고 그것이 진실이냐 거짓이냐를 판가름하는 것은 쉬울 수도 있고 어려울 수도 있다. 아이들은 가정을 벗어나 세상을 접하면서 세상에는 진실에 대한 관점이 매우 다양하며, 실제 일어나고 있는 일을 전체적으로 이해하는 데는 여러 관점이 필요하다는 사실을 깨닫게 된다.

일곱 살 난 프랜은 엄마에게 속이 상해 있었다.

"엄마는 거짓말했어. 일요일에 카렌 이모네서 저녁을 먹을 때 엄마가 아주 맛있다고 했잖아. 하지만 방금 아빠한테 이모의 요리가 형편없다고 말했어."

"네 말이 맞아."

엄마가 인정했다.

"이모의 기분을 상하게 하고 싶지 않아서 이모의 요리가 어떤지 확실하게 말하지 않았어. 솔직한 건 중요하지만 그때는 이모의 기분이 상하지 않게 행동하는 게 더 중요하다고 판단한 거야."

프랜은 잠시 생각한 후에 다시 물었다.

"그럼, 그건 나도 언제나 솔직하지 않아도 된다는 거야?"

프랜은 규칙이 어떻게 되는지 이해하려고 애쓰고 있었다. 엄마는 조심스럽게 말했다.

"엄마는 네가 정직하길 바라. 하지만 어떤 상황에서는 다른 사람에게 친절한 게 더 중요할 수도 있어. 우리가 다른 사람의 마음을 상하게 하지 않으려고 아주 사소한 거짓말을 하는 게 그럴 때야. 우리는 그런 거짓말을 '선의의 거짓말'이라고 해. 그것도 분명 거짓말이야. 하지만 어떤 경우에는 그런 거짓말은 해도 괜찮아."

프랜은 집중해서 듣고 있었지만 혼란스러운 듯 보였다.

"한번 생각해 봐. 네 친구 안드레아가 새 드레스를 보여주러 왔어. 그런데 너는 그 드레스가 맘에 들지 않아. 색깔도 정말 이상하고. 그럼 안드레아한테 그 드레스가 이상하다고 말할 거야?"

프랜은 곰곰이 생각하더니 말했다.

"그럼, 안드레아가 싫어할 거야."

"그러면, 안드레아의 기분을 좋게 하려면 뭐라고 말할 수 있을까?"

"음……. 뭐, 괜찮아."

프랜은 자신의 대답이 썩 만족스럽지는 않은 표정이었다.

"아마 그렇게 말할 수도 있겠지."

엄마가 말했다.

"아, 알겠어. 내가 마음에 드는 점에 대해서 얘기하면 되겠다!"

프랜이 신나서 말했다.

"그래, 바로 그거야. 네가 그 옷에 대해 좋게 말해줄 수 있는 점을 생각해 보는 거야. 아니면 어디서 샀는지, 그런 걸 물어봐도 되겠지. 중요한 건 친구가 자신이 중요하게 생각하는 것에 대해서 기분 좋게 느낄 수 있도록 해주는 거야. 그리고 너도 알지? 모든 사람이 똑같은 걸 좋아하지는 않는다는 걸. 네가 별로라고 생각하는 색이 프랜이 제일 좋아하는 색일 수도 있어."

이 일로 프랜은 다른 사람의 마음을 헤아리고 친절하게 대하는 것의 중요성을 알게 됐다. 그리고 사람마다 세상을 바라보는 관점이 다르며 각각의 관점이 모두 소중하고 가치 있다는 사실을 배웠다. '칭찬할 수 없다면 차라리 아무 말도 하지 마라.'라는 속담 때문인지 모르지만 어떤 사람은 자신의 솔직한 느낌을 말하는 것을 심하게 주저한다. 하지만 이 속담에는 지혜가 담겨 있다. 설령 자녀들

이 속상하게 될지라도 바른 대로 말할 수밖에 없다면 우리는 프랜의 엄마가 그런 것처럼 아이들의 의구심을 차근차근 설명해줄 준비를 해야 한다.

정직함 가르치기

아이들은 부모로부터 정직함이 무엇인지 배운다. 우리가 하는 행동과 말이 정직하다는 것이 어떤 의미인지를 보여주는 모범 사례를 제시한다. 아이들은 살아가면서 부딪치는 수많은 상황을 우리가 어떻게 대처해 나가는지를 알아차리고 우리가 하는 방식이 올바른 방식이라고 단정지어 버린다.

아홉 살 난 앨리샤와 아빠는 음식점에서 점심을 먹고 나왔다. 아빠는 생각 없이 계산대 직원이 건네준 거스름돈을 보고 있었다. 주차장으로 몇 걸음 걸어가다가 아빠는 직원이 계산을 잘못해서 거스름돈을 더 줬다는 걸 알았다.

"잠깐만 앨리샤, 뭐가 잘못됐구나."

잔돈을 보여주면서 아빠가 말했다.

"그 직원이 거스름돈을 잘못 줬어."

아빠와 딸은 함께 계산을 해본 후에 거스름돈을 5달러나 더 받았다는 사실을 알았다.

"가서 돌려주고 오자."

아빠가 말했다. 그러나 앨리샤는 그다지 내키지 않는 기색이었다. 이미 머릿속으로 이 5달러를 어디에 쓰면 좋을지 상상하고 있었던 것이다. 하지만 앨리샤는 아빠가 옳다는 것을 알았다.

계산대 직원은 매우 고마워하면서 아빠가 돈을 돌려주지 않았다면 가게 일을 마치고 정산을 할 때 모자라는 돈을 자기 돈으로 채워 넣어야 했을 거라고 말했다. 지나가다 이 대화를 듣게 된 지배인이 다음번에 식당에 오면 크게 할인을 받을 수 있는 쿠폰을 선물했다. 아빠와 딸은 즐거운 마음으로 식당을 나섰다.

"어때, 앨리샤? 돈을 돌려줘서 기쁘지 않니?"

아빠가 물었다.

"정직함은 보답을 받네요."

앨리샤가 말했다.

"옳은 일을 하면 기분이 좋지. 설령 아무런 보답을 받지 못하더라도 말이야. 진실을 말했을 때 우리가 기대하지 못한 멋진 일들이 일어날 때가 많단다."

마음에서 마음으로

솔직하게 행동하는 것이 적절하지 않은 때도 있다. 경우에 따라 아이들의 연령과 성숙도를 고려해 대답하는 것이 더욱 중요하다. 우리는 아이들의 이해력을 과소평가하곤 한다. 하지만 가족생활에 대한 내 강좌를 듣는 부모 중에는 아이를 과대평가해서 '아기가 어디서 오는지'에 대한 아이의 첫 질문에 지나치게 상세하고 과학적으로 설명해서 아이를 혼란스럽게 한 사람도 있다. 성과 죽음은 자녀들과 이야기를 나누기에 가장 어려운 주제다. 이 주제는 화두가 되는 것 자체를 누구나 거북해한다. 하물며 아이에게 이 주제에 대해 설명해주는 것이 얼마나 어려운 일이겠는가.

우리는 이 개념들에 대한 아이들의 이해력을 가늠해 봐야 하며 우리가 하는 말이 아이들에게 어떤 영향을 미칠지도 고려해야 한다. 너무 이른 나이에 성에 대해 자세히 설명해주면 아이들을 당황스럽게 하거나 불안하게 만들 수 있다. 죽음에 대한 개념은 아이들을 겁에 질리게 하고 아이들의 안정감을 흔들어 놓을 수도 있다. 아이들은 보통 이런 주제에 대해 우리가 생각하는 것보다 훨씬 더 많은 것을 알고 있다는 사실을 기억하자. 비록 아이들이 접하는 정보가 지극히 단편적이고 아이들이 내린 결론이 부정확한 것일 수도 있지만 말이다.

이런 주제가 화제로 떠올랐을 때, 대화를 시작하는 가장 좋은 방법은 아이들이 이미 알고 있는 것이 무엇인지 물어보는 것이다. 이 방법으로 아이들이 알고 있는 내용에서부터 대화를 시작할 수 있고 잘못 알고 있는 부분도 바로잡아줄 수 있다. 그 다음에는 아이들의 나이와 상황을 고려해 적절히 설명해주면 된다. 때로는 자료를 이용하는 것이 도움이 된다. 부모와 어린 자녀가 성, 죽음 그리고 다른 어려운 주제들에 대해 토론할 수 있도록 만들어진 훌륭한 그림책도 많다.

우리가 아이들의 이해력을 과소평가하고 진실을 감추려고 할 때 아이들은 이미 자신들이 알고 있는 것과 우리의 설명이 일치하지 않음을 알아차린다. 이것은 혼란을 줄 수 있으며 죄책감을 불러일으킬 수도 있다. 아이들은 부모의 말을 그대로 받아들이는 경향이 있다. 그러므로 자신이 알고 있는 지식과 부모가 하는 말이 모순된다는 사실을 발견하면, 자신이 틀렸고 자기 생각이 나쁘다고 생각하게 된다. '내가 어떻게 그런 상상을 했을까? 나는 정말 나쁜 애인가 봐!'라고 말이다.

아이들이 자라서 스스로 진실을 알아내고 잘못된 것은 자기가 아니라 잘못된 정보를 준 부모고, 부모가 잘못된 방향으로 이끌었다고 여기도록 만들어서는 안 된다. 아이가 십대 시절에 가족으로부터 독립된 자아를 추구하는 것만큼 심취하는 관심사 중 하나는 바로 진리를 탐구하는 것이다. 성숙해가는 자신의 신체를 이해하고 개체성과 개성을 형성해가는 과정은 갓난아기가 요람에서 손을 뻗어 물건을 쥐려고 애쓰는 것만큼 힘들고 강렬한 경험이다.

십대 아이들은 추상적인 개념을 손에 쥐려 하고, 말로 표현할 수 없는 자아와 타인의 의미를 이해해 보려 한다. 또 삶을 위한 자신의 원칙을 결정하고 이것을 통해 현실세계에 닻을 내리려고 애쓴다. 새롭게 성숙해진 그들의 신체 또한 생각과 감정을 좌우한다. 안타깝게도 자신들을 사로잡고 있는 의문에 대해 부모에게 묻기가 거북하다고 생각할 때 아이들은 대부분 친구에게 물어보고 어쩌면 더 깊은 혼란에 빠질지도 모른다.

아이들은 수많은 정보를 계속 접하면서 그 정보들을 정리하려고 애쓴다. 이 힘든 시기의 자녀는 더 이상 우리에게 기대지 않는다. 그렇다고 자녀에게 더 이상 우리가 필요하지 않다는 의미가 아니다. 그리고 아이들이 우리와 멀리 거리를 두고 있는 것처럼 보여도, 혹은 가까이 다가가려는 우리를 단호하게 거부한다 할지라도 자녀들은 그 어느 때보다 우리가 필요한 때라는 점을 간과해서는 안 된다.

자녀와 우리의 관계는 아이들에게 아주 중요한 시기인 십대 초반에 시험대에 오른다. 그러므로 우리는 새로운 종류의 친밀감을 만들어 가야 한다. 사춘기 자녀들은 부모와 친밀감을 느끼고 싶어 하며 부모가 자신의 곁에 있다는 사실을 알고 싶어 한다. 아이들은 언제든지 우리에게 다가와 자신들이 느끼는 감정에 대해 이야기할 수 있다는 사실을 알아야 한다. 또한 부모가 자신의 이야기에 귀 기울이고, 그들이 찾는 의미를 모색하며 더 넓고 새로운 시야를 발전시키고 대안을 찾을 수 있도록 도와줄 거라고 믿을 수 있어야 한다.

또 자녀들은 신체 변화에 대해, 성에 대한 의문과 그들이 느끼는 욕구에 대한 질문에 대해 부모가 최대한 솔직하게 대답해줄 거라고 믿을 수 있어야 한다. 이처럼 혼란스럽고 복잡한 상황에서 어떻게 자녀들에게 신뢰를 잃지 않을 수 있을까? 해답은 간단하다. 아이들을 정직하고 진실한 태도로 대하는 것이다.

만약 자녀가 묻는 질문의 답을 모른다면 그냥 솔직하게 모른다고 말하고 자료, 책 그리고 정보지를 찾아 공부해야 한다. 그런 다음 아이들에게 얼마나 정직하고 진실한 태도로 정보를 제공할 것인지는 당신이 선택할 사항이다.

오늘날 세상은 그 어느 때보다 위험하다. 아이들은 중학교나 그 이전부터 담배나 알코올에 노출되어 있다. 또한 어린 나이부터 일찍 성에 눈뜨고 에이즈나 성병에도 노출될 수 있다.

나는 내 강좌를 듣는 부모들에게 한 번쯤 자신의 십대 시절을 떠올려 보고 자신의 부모가 어떤 말을 해줬는지 기억을 더듬어 보라고 권한다. 내 부모는 얼마나 정직하고 개방적이었는가? 내게 필요했지만 듣지 못한 것은 무엇이었나? 그것이 나의 십대 시절에 어떤 영향을 미쳤나? 부모님이 좀 더 솔직할 수도 있지 않았을까? 나는 친구들로부터 얼마나 많은 정보를 얻었나? 그중 얼마나 많은 정보가 정확한 것이었나? 생리나 몽정, 발기, 자위, 오르가슴, 임신이나 피임 같은 기본적인 정보를 부모에게서 들었는가, 아니면 다른 곳에서 들었는가? 이런 문제들에 대한 기억을 떠올리다 보면 십대 자녀와 대화할 소재를 얻게 된다.

이때는 당신이 느낄지도 모르는 감정들, 당황스러움 또는 거북함을 한쪽으로 밀어두고 자녀들이 세상에서 자기 역할을 다하며 살아가는 데 필요한 정보를 성심껏 제공해야 한다. 마치 아이들을 어린이집, 유치원, 초등학교, 중학교에 등교하는 첫날을 준비시켜 주듯

이 성인으로서 겪을 문제들도 준비시켜 줘야 한다.

진실의 가치

아이들이 정직하고 진실한 사람이 되도록 이끌어주는 것은 많은 면에서 그들에게 도움이 된다. 먼저 아이들은 동료, 친구 그리고 가족과 개인적인 관계를 맺으며 정직함과 신뢰가 얼마나 소중한지 그 가치를 이해하게 될 것이다. 또한, 자신을 돌아보고 자신이 처한 상황을 있는 그대로 볼 수 있는 용기를 가지고 자기 행동에 책임을 지고, 자신의 역할을 성실히 실행할 수 있다. 아마도 무엇보다 가장 중요한 것은 아이들이 자기 자신이 정직한 사람이라는 것을 알게 됨으로써 편안한 마음을 가질 수 있게 된다는 점이다. 이런 인식에서 시작하는 마음의 평화야말로 무척 값진 선물이다.

공정한 분위기 속에서 자라는
아이들은 정의를 배운다

If children live with fairness,
they learn justice.

아이들에게 공정함은 '옳은 것'을 의미하고 불공정한 것은 '잘못된 것'을 의미한다. 아이들은 공정하고 분명한 규칙이 있는 게임에 익숙하고 모든 사람이 똑같은 규칙을 따르기를 기대한다. 물론 현실은 반드시 이런 식으로 돌아가지 않는다. 어른들은 인생에 수많은 기복이 있으며 항상 우리가 의도하는 대로 이루어지는 것은 아니라는 사실에 익숙하다. 그러나 우리 자녀들은 삶이 언제나 공정해야 마땅하다고 생각하며 그렇지 않을 때는 매우 좌절한다.

일곱 살 난 샐리가 울먹이며 엄마에게 왔다. 동네 친구들과 하는 깡통 차기 게임이 공정하지 않다고 불평했다. 엄마는 "인생이 원래 공평하지 않은 거야."라고 말하고 싶은 충동을 느낄지도 모른다. 하지만 이런 대답은 샐리의 타당한 불만을 해결해주지 못한다. 아이는 엄마와 그 게임이 왜 공정하지 않다고 느꼈는지, 게임의 규칙이 어떤 식이었으면 하는지 그리고 자기가 기대했던 게임은 어떤 것이었는지에 대해 이야기를 나눠야 한다.

만약 엄마가 이런 질문에 대한 샐리의 답과 불만을 진심으로 들어준다면 "그럼 어떤 식으로 게임이 진행돼야 한다고 생각해?" 또는 "다음번에 그 게임을 공정하게 하려면 어떻게 하면 될까?"라는 질문을 통해 더 긍정적인 방향으로 대화를 이끌어나갈 수 있다. 앞으로 어떻게 하면 달라질까 하는 문제에 초점을 맞춘다면 다음번엔 좀 더 재미있고 공정한 게임을 할 수 있을 거라는 기대로 샐리의 실망감을 없앨 수 있다.

이런 대화는 가정에서 무엇이 공평한지에 대한 의견 차이가 있을 때 갈등을 푸는 데도 도움이 된다. 솔직한 대화를 통해 가족 구성원이 각자의 생각을 나누고 다음부터는 상황을 어떻게 다르게 볼 수 있을지 또는 다르게 행동할 수 있을지를 이야기해볼 수 있다. 그러나 안타깝게도 아무리 우리가 주의를 기울여 공정하려고 노력한다 해도 모든 사람을 만족시킬 수는 없다. 중요한 것은, 우리의 의도가 공정함을 위한 것이고 아이들의 생각과 관심사에 대해 언제든지 이야기를 나눌 준비가 돼 있음을 아이들에게 이해시키는 것이다.

가정에서의 공정성

종종 부모가 "저는 모든 아이에게 똑같이 대해 줘요."라고 말하면 나는 그 말을 절대 믿지 않는다. 그것은 인간으로서 도저히 불가능한 일이기 때문이다. 그리고 설사 그것이 가능하다 할지라도 그것이 꼭 바람직할 수만은 없다.

우리는 자녀들 각각의 고유한 강점과 약점에 주목해야 한다. 한 아이에게는 바람직한 방식이 다른 아이에게는 불공평한 것일 수도 있기 때문이다. 다른 연령대, 다른 요구사항, 다른 생활 그리고 각기 다른 성격에 적합한 접근법이 필요하다. 우리가 아무리 모든 자녀에게 공평하게 대하려고 애쓴다 해도 대부분의 가정에서는 형제간에 경쟁의식이 있게 마련이다.

형제간의 싸움은 장난감이나 특혜, 음식 또는 용돈 때문에 일어나는 것처럼 보일 수도 있다. 하지만 보통 그런 다툼은 아이들이 부모가 편애한다고 느끼기 때문인 경우가 많다. 아이들은 부모가 에너지, 시간, 흥미 그리고 관심을 표현하고 분배하는 방식에 매우 예민하게 반응할 수도 있다. 그 밑바탕에는 모든 자녀가 다른 형제자매와 마찬가지로 자신이 소중한 존재라고 느끼고 사랑받기를 원하는 마음이 깔려 있다.

아이들이 부모가 편애한다고 불평한다면 우리가 느끼는 진정한 감정이 무엇인지 또 우리가 보여주는 태도가 어떤 것인지 되돌아볼 필요가 있다. 형제자매 간에 경쟁하고 서로 비교하는 것은 피할 수 없는 일이다.

하지만 의도하지 않게 가정 안에 경쟁하는 분위기가 조성돼 있는 건 아닌지 자주 확인해 봐야 한다. 때로 자녀들이 할 일을 하도록 자극하기 위해 사용한 방법이 생각지도 못한 부작용을 낳기도 한다. 예를 들어 집안일을 하거나 숙제를 누가 먼저 끝마치나 하는 식으로 경쟁하도록 하는 것은 뜻하지 않게 불화를 일으킬 수 있다.

이기고 지는 것, 누가 먼저고 누가 나중인가 하는 문제는 운동장에서나 필요한 것이지, 가정에서 필요한 것이 아니다. 우리는 아이들이 형제자매끼리 비교하는 것이 아니라 행동과 능력을 평가하기를 바란다. 부모의 편애를 느끼는 자녀들에게 대응하는 한 가지 방법은 개별적으로 부모와 특별한 시간을 보내도록 하는 것이다.

내가 아는 어떤 엄마 아빠는 네 살, 여섯 살, 여덟 살인 아들 셋을 키운다. 이 부부는 아이들을 한 명씩 돌아가며 데리고 나가 팬케이크로 간단히 외식을 하곤 한다. 이렇게 하면 아이들이 다른 형제들과 경쟁하지 않고 집에서처럼 방해받지 않고 부모와 오붓한 시간을 보낼 수 있다. 이런 시간을 통해 엄마나 아빠는 아이가 무슨 생각을 하는지, 학교에서는 어떻게 지내는지, 이웃의 친구나 집에서 다른 형제들과 어떻게 지내고 있는지를 알게 된다. 그리고 아이는 잠시나마 엄마 아빠를 독차지할 수 있게 된다.

가정의 소란스러움에서 벗어나 이렇게 대화를 나누는 것이 중요한 이유는, 이런 대화가 아이들이 좀 더 자라 힘든 십대 시기를 거쳐

가는 동안 부모와 솔직하게 대화할 수 있는 발판을 마련해주기 때문이다. 또한 이것으로 부부는 아이들에게 중요한 메시지를 분명하게 전달한다. '너는 우리에게 중요한 존재야. 그리고 우리는 네가 느끼는 것들에 관심이 있단다.'하는 메시지 말이다.

반드시 식당에 가서 외식을 할 필요는 없지만 일단 집에서 벗어나는 것이 필요하다. 굳이 식사를 할 필요도 없다. 이야기를 나눌 수 있는 기회를 주는 특별한 외출, 즉 등산, 박물관 견학, 보트 타기 등으로도 같은 효과를 볼 수 있다. 중요한 것은 아이가 부모의 관심을 독점하고 있다고 느끼고 자신을 위해 특별한 시간을 보내고 있음을 느끼는 것이다.

당당하게 말하기

아이들이 자신이 부당하다고 느끼는 상황에 맞서 당당하게 말하기 위해서는 학교에서건, 이웃에서건 또는 훗날 직장에서건 간에 먼저 부모에게 자신의 감정을 솔직하게 표현하는 연습을 해야 한다. 아이들이 가정에서 부당하다고 느끼고 항의할 때 우리가 그 의견을 존중해 준다면 아이들은 더 나은 변화를 위해 상황을 바꾸는 것이 가능하다는 사실을 기억할 것이다.

"엄마 아빠는 날 아기 취급해."

아홉 살 난 앤디가 저녁식사를 마치고 엄마 아빠에게 불만을 터뜨렸다.

"내 친구들은 자기가 놀고 싶으면 원하는 만큼 늦게까지 안 자도 된다고 했어."

"자기들이 원하는 만큼 늦게까지?"

아빠가 안경 너머로 아들을 쳐다보며 물었다.

"어쨌든 나보다는 더 늦게까지 놀 수 있어."

앤디가 말했다.

"매일 아침 학교에 가라고 난리를 쳐야 겨우 눈을 뜨는 사람이 누구더라?"

엄마가 물었다.

"나지."

앤디가 대답했다.

"그럼 평소에 잠이 많이 부족한 것 같은데……."

아빠가 말했다.

"주말에는 어때요?"

앤디가 물었다.

"글쎄다, 주말이라면 좀 다르지. 네가 원한다면 주말에는 몇 시에 자러 가는 게 좋을지 이야기해볼 수도 있지."

엄마가 말했다.

"그럼 금요일하고 토요일에는 몇 시에 잠자리에 드는 게 좋을까?"

엄마는 바람직한 시간이 몇 시인지를 묻는 것으로, 앤디가 몇 시까지 놀고 싶은지 말하는 것보다 신중한 판단을 할 수 있도록 이끌어줬다. 이것이 협상을 쉽게 만들었고 앤디가 바꾸고 싶은 것이 어떤 것인지를 결정하는 데 책임감을 갖도록 도와줬다.

"아마도 최소한 여덟 시간은 자야 할 것 같아요. 그러니까……."

앤디가 자신의 취침시간을 계산해 보면서 적당한 취침시간을 말했다.

"그래, 한번 그렇게 해보자."

아빠가 말했다.

"신난다!"

앤디가 외쳤다. 앤디는 자신이 불공평하다고 생각했던 상황을 스스로 변화시켰다는 생각에 매우 만족스러웠다.

자녀들이 가정의 규칙이 불공평하다고 생각하는 것에 이의를 제기하도록 허용해주는 것, 그런 태도를 적극 격려해주는 것은 매우 중요한 일이다. 만일 우리가 아이들의 감정을 진지하게 받아들이지 않거나 아이들이 솔직하게 자기 생각을 표현할 수 있게 해주지 않는다면 아이들은 계속 원망하는 마음으로 순종할 수도 있다. 이것은 자녀들과의 관계에 상처를 주고 관계의 균열을 일으킨다.

가족의 규칙에 대해서는 융통성을 가지는 것이 좋다. 그리고 아이들이 부당하다고 느끼는 점에 대해 언제든지 이야기할 수 있도록 격려해야 한다. 이것은 가정 안에서 문제를 해결해나갈 때 긍정적인 태도를 유지할 수 있고 살아가면서 다른 상황에 부딪쳤을 때도 부당함에 당당히 맞서 정의를 수호하는 마음을 가질 수 있도록 도와준다.

4학년생인 베시가 눈물이 그렁그렁한 채로 학교에서 돌아왔다.

"우리 선생님은 나에게 한 번도 발표를 시키지 않아. 나는 답을 알아서 계속 손을 드는데 선생님은 날 무시해."

아이가 불평했다. 엄마는 걱정스러운 마음으로 베시의 말에 귀를 기울였다.

"그럼 선생님이 누굴 시키는데?"

"남자애들만 발표하게 해. 걔네들은 답도 모르는데."

베시가 시무룩하게 말했다.

"다른 여자아이들도 발표를 시키시니?"

엄마가 물었다.

"아니, 별로."

베시가 잠시 말을 멈추었다가 갑자기 얼굴이 환해졌다.

"선생님은 나만 무시하는 게 아니라 여자애들을 다 무시해."

"그건 공평하지 않은 것 같구나. 그럼, 우리가 이 문제를 어떻게 해결할 수 있을까?"

"엄마가 선생님에게 편지를 쓰면 어때?"

베시가 제안했다.

"그래, 그럴 수도 있지. 또 다른 방법은?"

"엄마가 학교에 와서 선생님한테 얘기할 수도 있지."

"엄마는 그 방법이 더 좋은 것 같다. 그러면 엄마가 선생님하고 먼저 이야기한 후에 엄마랑 너랑 선생님이랑 셋이서 함께 그 문제에 대해 얘기해볼 수도 있을 거야, 어때?"

220

엄마는 딸의 변호인 역할을 할 뿐 아니라 옳지 않은 상황을 바로 잡기 위해서는 베시 역시 뭔가를 할 수 있다는 것을 보여줬다. 엄마의 지지로 베시는 자기 의견을 당당하게 말하는 법을 배우고 있다.

행동 취하기

아이들은 살아가면서 부당함을 목격하고 경험할 수밖에 없다. 때로는 우리 자녀가 그런 부당한 일의 희생자가 될 수도 있다. 선생님이나 운동 코치의 편애 때문에 소외되거나 못된 아이들의 놀림감이 될 수도 있다. 또 다른 상황에서는 부당한 대우를 받는 다른 사람들의 권리를 보호해 주기 위해 가해자들과 맞서 싸워야 할 때도 있다.

만약 아이들이 이런 연습을 미리 해봤거나 가정에서 부당함에 맞서 싸워 이겨본 경험이 있다면 아이들은 가정 밖에서 이런 문제에 부딪쳤을 때 자신과 다른 사람들을 위해 당당히 대항할 가능성이 더 크다.

열 살인 마이클은 하굣길에 자기 반 아이들 몇몇이 학교 주차장 구석에서 한 아이를 둘러싸고 있는 것을 봤다. 가까이 가보니 아이들이 톰이라는 아이를 괴롭히는 중이었다. 아마도 그 아이가 다른 문화권에서 온 아이여서 그런 듯했다. 마이클은 순간 겁도 나고 어떻게 하면 좋을지 망설여졌다. 하지만 생각보다 먼저 다리가 움직였다. 마이클은 그쪽으로 걸어가 괴롭힘을 당하는 친구를 불렀다.

"빨리 와, 톰. 곧 수업 시작이야."

아이들이 모두 놀라서 마이클을 돌아봤다. 톰은 빠져나갈 여지가 생겼다는 걸 깨닫고 마이클을 따라 교실로 향했다.

마이클이 이렇게 행동하는 데는 용기가 필요했다. 개인이 집단에 대항하려면 언제나 용기가 필요한 법이다. 마이클이 택한 것처럼 비교적 소극적인 방법일지라도 말이다. 어쩌면 못 본 척하고 지나쳐 버리거나 선생님이 끼어들어 말리도록 하는 것이 훨씬 더 쉬웠을 것이다.

또 마이클의 부모는 아들에게 그런 일이 있었는지 전혀 듣지 못하고 지날 수도 있다. 대부분의 아이들이 부모에게 집 밖에서 무슨 일이 있었는지 일일이 다 말하지 않는다. 만약 마이클의 부모가 이 일을 알았다면 아들이 강한 정의감을 발휘해 위험을 무릅쓰고 곤경에 처한 누군가를 도왔다는 사실에 무척 자랑스러웠을 것이다.

때로 아이들은 혼자 힘으로는 감당하기 어려운 사회적 부당함과 마주치기도 한다. TV뉴스로 저임금 이주노동자의 비참한 생활을 본 스텔라는, 엄마와 이야기를 통해 그들을 돕는 단체들을 찾아 자신의 용돈을 기부하기로 마음 먹었다. 사회의 정의를 실현하기 위해 자신이 할 수 있는 방법을 생각해 보고 이를 실천하기로 한 것이다.

이상의 정의

'정의'는 매우 어려운 주제다. 그러나 우리 자녀들은 작은 것에서 부터 정의가 무엇인지를 인식하기 시작한다. 만일 우리가 공정한 대우를 받고 싶어 하는 아이들의 생각을 존중해 준다면 아이들 역시 다른 사람들의 그런 바람을 존중하는 사람으로 자랄 수 있을 것이다.

가정 안에서 누리는 자신의 권리를 주장하는 것에서 시작해 다른 사람을 위한 권리에 대해 고민하기까지 성장하는 것은 크나큰 발전이다. 하지만 우리가 도와준다면 아이들은 '모든 사람을 위한 정의'가 실현되는 세상이 우리 모두의 노력으로 이루어질 수 있다는 사실과 그런 노력을 기울이는 것이 인류의 가장 중요한 과제임을 알게 될 것이다.

친절과 배려 속에서 자라는 아이들은
남을 존중하는 법을 배운다

If children live with kindness and consideration,
they learn respect.

남을 존중하는 법은 아이들에게 가르칠 수 있는 것이 아니다. 아이들에게 예의바르게 행동하고 남을 존중하는 공손한 태도가 어떤 것인지 가르칠 수는 있지만 그것은 진심으로 남을 존중하는 것과 다르다. 이 두 가지를 혼동해서는 안 된다. 아이들은 부모가 서로 존중하는 태도, 그리고 가족 구성원 간에 배려하는 모습을 보면서 존중하는 마음을 배우고 자신이 대우받은 것처럼 남들을 대우해야 한다고 생각하며 성장한다.

친절과 배려는 존중하는 마음이 진실이라는 것을 증명한다. 이런 태도는 매일매일, 매주, 매년 사소한 일상에서 수없이 많이 표현된다. 우리가 자녀들을 비롯해 다른 사람들을 친절하게 대하고 배려할 때 아이들은 우리의 모습을 보고 다른 사람을 존중하는 법을 배운다. 자녀가 사소한 방식으로라도 남을 존중하는 모습을 보이기 시작하면, 예를 들면 동물에게 다정하게 대하거나 어린 동생의 실수나 생떼를 너그럽게 참아준다면, 우리는 반드시 아이의 착한 행동을 칭찬해 그런 태도를 키워 나가도록 격려해야 한다.

친절과 배려라는 품성을 키우는 데는 오랜 시간이 걸린다. 부모로서 우리 자신도 배우자나 자녀를 존중하지 않는 태도를 보일 때가 있을 수밖에 없다. 이럴 때 우리의 잘못과 실수를 인정하고, 마음에 상처를 줬다면 진심으로 사과해야 한다. 또 그런 일이 없도록 주의하고 노력할 때 아이의 상처를 치유할 수 있으며 우리 역시 더욱 성숙한 인간으로 성장할 수 있다.

다른 사람에 대한 배려

아주 어린 나이에는 세상이 자기를 중심으로 돌아가고 다른 사람들은 오직 자신의 필요를 채워주기 위해서만 존재한다고 생각한다. 이러한 자기중심적인 사고는 이 시기에 아주 자연스러운 일이다. 다른 사람들의 필요도 자기의 필요만큼 중요하다는 사실을 이해하는 능력은 아이들이 성숙해지면서 천천히 발전한다. 자신의 필요를 추구하면서 동시에 다른 사람의 필요도 배려할 줄 알게 되는 것은 이보다 더 오랜 시간이 걸린다.

아이들에게 친절한 사람이 되는 방법을 가르쳐줄 수 있는 적절한 기회는 사소하고 우연하게 찾아올 수도 있다. 우리는 이 순간들을 다른 사람들을 배려하는 태도를 갖게 하는 기회로 적극 활용해야 한다.

　나는 최근에 대형 마트에서 두 아들과 함께 장을 보러 온 한 엄마를 봤다. 대략 네 살, 여덟 살 정도 돼 보이는 아이들이었다. 두 형제가 고양이 먹이를 카트에 싣고 있을 때 나이 많은 쇼핑객 한 명이 지갑을 떨어뜨려 동전이 바닥 여기저기에 흩어졌다. 형은 즉시 하던 일을 멈추고 그 부인이 동전 줍는 것을 도왔다. 동생은 계속해서 카트에 고양이 먹이를 싣고 있었다. 엄마는 아이의 팔을 부드럽게 건드려 아이가 하던 일을 멈추게 하고 자기를 보게 했다. 그리고 고갯짓으로 앞에 무슨 일이 벌어지고 있는지를 가리켜 보였다. 동생은 형이 뭘 하고 있는지를 보고는 바로 거들기 시작했다. 엄마는 부드러운 방법으로 다른 사람이 곤경에 처했을 때 친절을 베풀어야 한다는 교훈을 준 것이다.

　상상놀이를 통해 아이들에게 친절한 마음을 가르쳐줄 수도 있다.

　네 살 난 케니와 엄마는 잠자리에 들기 전에 방을 정리하고 있었다. 엄마는 곰 인형을 침대에 눕혀 이불을 덮어준 후 다정한 손길로 인형을 토닥였다.
　"자, 이제 테디도 편안할 거야."
　엄마가 만족스럽게 말했다. 케니도 곰 인형에게 다가가 이불을 다시 잘 덮어주면서 말했다.
　"잘 자, 테디."

엄마는 케니가 테디 곰 인형을 얼마나 좋아하고 강한 애착을 느끼는지 알고 있었다. 그래서 케니가 친밀하게 느끼는 테디 인형을 통해서 다른 사람들에게 친절하게 행동하는 것이 어떤 것인지를 보여줬다. 케니는 엄마가 자신의 놀이 세계에 동참해서 자기가 사랑하는 테디 인형에게 관심을 보여줬다는 사실이 즐거웠다. 또한 케니는 보살핌이 필요한 대상에 어떤 식으로 부드러운 애정과 관심을 보여야 하는지 배울 수 있었다.

우리는 어떤 특정한 상황에 대해 다른 아이들은 어떻게 느낄지 상상해 보도록 유도함으로써 자녀들이 다른 사람을 존중하는 마음과 그들에게 공감하는 능력을 키우도록 도울 수 있다.

일곱 살인 제니와 마리아는 보드게임에 열중하다가 게임 규칙 때문에 말다툼을 벌였다. 마리아는 갑자기 말도 없이 일어나 집에 가 버렸다. 잠시 후 제니는 부엌에 있는 엄마에게 갔다.

"마리아는 정말 나빠. 자기가 질 것 같으니까 게임을 그만뒀어."

"무슨 일이 있었니? 마리아는 언제나 그 게임을 좋아했잖아."

엄마가 물었다. 제니는 말다툼이 어떻게 일어났는지 엄마에게 설명하면서 마리아를 비난했다.

"게임이 그렇게 끝나 버려 안타깝구나. 마리아의 기분은 어떨까 싶네."

"뭐? 모르겠는데."

제니는 엄마의 이런 말에 깜짝 놀란 듯 대답했다. 잠시 생각해본 후 제니가 입을 열었다.

"마리아에게 전화를 해봐야겠어."

이야기를 하다 보면 아이들은 각자 잘못이 있었다는 것을 깨닫게 될 것이다. 그러다 보면 오해도 걷히고 다음에 다시 즐겁게 놀 준비가 될 것이다. 어쩌면 다음번에 똑같은 오해가 생긴다 하더라도 효과적으로 문제를 풀 수 있는 경험이 될 수도 있다. 엄마의 신중한 질문이 제니가 마리아의 기분을 생각해볼 수 있게 도왔다. 엄마가 마리아를 걱정하는 것을 본 제니는 화가 나서 집으로 돌아간 친구의 기분이 어떨지 생각해볼 수 있었다.

이것은 오랜 우정을 쌓아가는 데 아주 중요한 요소다. 이런 교훈은 쉽게 얻어지는 것이 아니며 실천하기도 쉽지 않다. 그래서 부모의 도움이 필요하다. 만약 성장 과정에서 진정한 인간관계를 유지하는 데 꼭 필요한 능력을 익히지 못한다면 아이들의 삶은 훨씬 더 힘겨워질 것이다.

존중하는 마음 전하기

남을 존중하는 마음을 표현하는 또 다른 방법은 대화를 할 때 도움을 주려 애쓰고 배려심을 보여주는 것이다. 우리가 말하는 내용뿐 아니라 말하는 방식도 마찬가지다. "저기, 네 동생 물감 통이 보이니? 그래, 거기 열려 있는 거. 그것 좀 닫아 줄래? 고마워."라고 말하는 것은 "네 동생의 물감 통이 열려 있구나. 물감이 마르지 않게 뚜껑을 닫아주자. 물감이 말라 버리면 무척 속상해할 거야."라고 말하는 것과 전혀 다른 메시지를 전달한다.

두 번째의 경우, 아이는 사용하는 물건을 소중히 다뤄야 한다는 것뿐 아니라 서로 도움을 주고 돌봐주는 것이 얼마나 중요한지에 대한 분명한 메시지를 전달받는다. 자녀들의 감정을 존중하면서 우리가 자녀들에게 기대하는 것이 무엇인지를 알려줄 수 있다.

만약 아빠가 집에서 일을 해야 한다면 아빠가 일에 집중하는 데 방해되지 않도록 가족 모두가 조용히 해야 한다고 미리 알려주는 것이 현명하다. 아이들에게 사전에 알려주면 아이들은 아빠의 상황을 이해하고 배려하면서 아빠를 도와줄 수 있는 기회가 생긴다. 이 것은 아무 설명 없이 무조건 조용히 하라고 소리 지르는 것보다 훨씬 더 효과적이다.

또 아이들이 배려하는 행동을 보일 때 칭찬해 주는 것으로써 아이들을 격려해줄 수도 있다.

다섯 살 난 매튜는 어린 여동생이 유아용 식탁의자에서 장난감을 가지고 놀다가 바닥에 떨어뜨리자 그걸 집어서 다시 동생 손에 쥐어줬다. 그 모습을 본 아빠가 말했다.

"동생을 도와주다니, 정말 착하구나."

매튜의 배려 있는 행동을 아빠가 알아주고 칭찬해주는 것은 매우 중요하다. 이것은 매튜가 따라야 할 방향을 제시해줄 뿐 아니라 매튜의 친절한 행동에 대한 보상도 되기 때문이다.

프라이버시 존중하기

가족 구성원은 자기 소유물은 물론이고 개인의 프라이버시를 존중받을 권리가 있다. 아이들은 우리가 자기 물건을 어떻게 다루는지를 보고 그대로 따라할 수 있다. 우리가 옷을 아무렇게나 벗어두고, 사용한 연장을 치우지 않고 마당에 그대로 두거나 문을 쾅쾅 닫으면 아이들은 그 행동을 그대로 따라한다.

그래서 소중하게 여기는 물건뿐 아니라 일상생활에서 쓰이는 생활용품을 모두 소중히 다루는 모습을 보여야 한다. 또한 생활환경과 상관없이 아이들은 자신의 개인 물품을 가질 권리가 있다. 허락 없이 다른 사람들이 함부로 사용할 수 없는 물건 말이다.

아이들의 프라이버시를 인정해주는 것도 매우 중요하다. 아주 어린 아이들은 옷을 입고 양치질을 하고 목욕하고 가꾸는 모든 활동에서 일일이 부모의 손길이 필요하다. 하지만 나이가 들어가면서 아이들은 이런 일들을 혼자 해낼 수 있게 된다. 그리고 이런 일들을 혼자 할 수 있게 되면 자신의 신체에 대한 부끄러움을 느끼기 시작하고 어느 정도 프라이버시가 지켜지기를 바란다. 또 다른 사람의 프라이버시를 존중하는 법도 가르쳐야 한다.

예를 들어 문이 닫혀 있을 때는 들어가기 전에 먼저 노크하고 들어와도 좋다는 허락을 기다려야 한다는 것 등이다. 이런 예절을 아이들에게 가르치면 엄마 아빠도 프라이버시를 지킬 수 있다.

사춘기 전 십대 초반의 소녀들은 몸과 마음이 성숙해갈 때 부모의 각별한 도움과 이해가 필요하다. 아이들의 몸이 자라고 변화하면 더 많은 프라이버시를 지켜줘야 하고 가족 구성원 전부가 이 점을 존중해야 한다. 만약 다른 가족이나 친척이라도 이제 막 시작된 아이의 신체 변화를 힐끔대며 키득거리거나 놀려댄다면 그것은 결코 농담거리가 될 수 없음을 상기시켜야 한다. 그리고 아이에게 놀림이 아니라 가족으로서 도움과 이해가 필요하다는 사실을 일깨워줘야 한다.

말보다 행동을

인간관계 중 아이들에게 가장 크게 영향을 미치는 것이 바로 부모가 상대방을 대하는 태도다. 이를 통해 아이들은 일상생활에서 존중하는 마음이 어떻게 표현되는지를 가장 많이 배우게 된다. 자녀들에게 어떤 행동이 옳은 것인지 말로 가르치는 것과 상관없이 아이들은 우리가 배우자를 대하는 행동을 보고 그대로 배우게 된다.

여덟 살 난 쌍둥이 자매 애나와 에밀리는 하루 종일 쉬지 않고 싸우고 있었다. 엄마는 마침내 인내심을 잃고 소리를 꽥 질렀다.

"제발 그만 싸워, 더 이상 참을 수가 없구나!"

두 아이는 놀란 눈으로 엄마를 올려다봤다. 그리고 마침내 애나가 말했다.

"하지만 엄마 아빠도 늘 말다툼 하잖아. 이것도 똑같은 말다툼이야."

엄마는 할 말을 잃었다. 엄마는 지금까지 부부싸움을 하면서 아이들이 지켜보고 있을 거라고 생각해본 적이 없었다. 하지만 애나의 말이 옳았다.

아이들은 부모가 상대방에게 말하는 방식, 목소리 톤이나 태도, 겉으로 드러내지 않은 감정까지도 알아챈다. 우리가 싸우느냐 말다툼을 하느냐가 중요한 것이 아니다. 중요한 건 우리가 대화를 통해 불화와 오해를 풀어가는 방식 그리고 상대방이 필요로 하는 것에 반응하는 방식이다. 아이들은 엄마 아빠 사이에 오가는 아주 사소한 애정 몸짓까지 알아차린다. 그리고 그것은 아이들이 사랑하는 사람을 대하는 정신적인 기준이 된다.

"부탁해요.", "고마워요." 그리고 "천만에요." 같은 예의바른 표현과 "뭘 좀 가져다 드릴까요?", "도와드릴까요?" 같은 배려의 질문을 습관화할 때 그런 모습을 보고 자라는 아이들은 생활 속에서 다른 사람과 서로 도우며 살아가는 법을 알게 된다.

각각의 차이 존중하기

자녀들은 각기 다른 신앙, 피부색, 관습을 가진 사람들과 함께 어울려 살아가게 된다. 가족 안에서 친절하고 배려하고 개인 간의 차이를 관대하게 인정해주는 분위기에서 자란 아이들은 다른 사람의 권리와 필요를 존중해줄 준비가 돼 있다. 아이들이 성장하면서 우리는 아이가 다른 사람들을 인정하고 존중하기를 바란다.

아이들이 더 넓은 세상으로 나아가 다른 사람들의 개인적인 가치와 인간의 존엄성을 진심으로 존중할 때 그들 또한 그런 존중을 되돌려 받을 수 있다. 자상한 배려의 행동이 일상에 밴 가정에서 성장한 아이들은 살아가면서 다른 사람들을 존중하고 너그럽게 포용할 줄 아는 사람이 된다. 이 세상의 위대한 종교 지도자들 역시, 인생이라는 학교에서 우수한 성적을 얻을 수 있는 근본은 일상에서 실천하는 사소한 친절에 있다고 말한다.

안정감을 느끼며 자라는 아이들은 자기 자신과 주변 사람들에 대한 믿음을 배운다

If children live with security, they learn to have faith in themselves and in those about them.

아이들이 가장 먼저 신뢰하는 대상은 부모다. 아이들에게 어떤 일이 있든지 우리가 언제나 그들을 위해 옆에 있어줄 것이라는 사실을 알려줘야 할 필요가 있다. 이것이 바로 안정감을 주는 것이다. 아이들이 우리에게 의지할 수 있다는 것, 우리가 아이들의 필요를 채워주고, 감정을 고려하고 존중한다는 사실을 깨달을 때 아이들은 우리를 신뢰하는 법을 배운다.

그리고 이런 안정감과 부모의 변함없는 지지를 통해서 스스로에 대한 믿음을 키워나가게 된다. 자녀들은 우리가 언제나 뒤에서 든든한 버팀목이 돼줄 것이며 그들이 임무를 잘 수행하거나 실수를 할지라도 그것과 상관없이 늘 계속해서 지원할 것이라는 것을 알아야 한다.

최근 어느 피아노 연주회에 갔는데 거기서 열 살 난 소년이 〈호두까기 인형〉 중 한 곡을 온 힘을 다해 겨우 연주하는 것을 봤다. 충분히 연습하지 못한 듯 힘겹게 연주를 했는데 곡이 끝나갈 무렵에는 아이도 그 사실을 깨달았음이 분명했다. 어쨌든 관중은 격려의 박수를 보내줬다. 무대에서 내려온 아이는 곧장 엄마에게 달려가 무릎 위에 올라앉았다. 엄마는 나머지 곡이 연주되는 동안 아이를 포근하게 안아줬다.

사실 이 아이는 엄마 무릎에 앉기에는 덩치가 컸다. 그리고 나는 그 엄마가 자녀들에게 피아노 레슨을 계속 받아야 한다고 매우 엄격하게 대했다는 것을 알게 됐다. 하지만 그 순간 그녀에게는 아무것도 중요하지 않았다. 아들에게 전하는 엄마의 메시지는 순수하고 간단했다. '엄마는 언제나 네 편이란다. 네가 실수할 때라도 말이야. 그리고 엄마는 그런 모습을 보여주는 게 결코 당황스럽거나 부끄럽지 않아.'

믿음으로 사는 삶

믿음이란 단어는 대개 종교적인 또는 정신적인 맥락에서 신에 대한 믿음이나 우리가 살고 있는 우주에 대한 믿음을 표현하기 위해 사용된다. 종교가 없는 사람들도 대부분 자기만의 방식으로 믿음의 의미를 이해하며 어떤 식으로든 정신적인 위안을 얻는다. 자기 자신보다 더 큰 어떤 존재에 대한 믿음을 가지고 있는 사람들이 그렇지 못한 사람들보다 스트레스를 더 잘 극복한다는 사실은 이미 잘 알려져 있다.

믿음을 더 넓은 의미로 생각해 보자. 자신의 신념과 가치관에 대한 확신, 나아가서는 이 세상에 대한 확신이라고 볼 수도 있다. 선한 본성에 대한 인간의 근본적인 믿음은 낙천적인 태도로 인생을 바라보게 하고, 다른 이들을 신뢰할 수 있게 해주는 매우 중요한 요소다.

안전망

아이들은 오랜 세월에 걸쳐 자신에 대한 믿음을 키워 나간다. 어린아이가 "내가 혼자 할 거야!"라고 말하는 순간부터 우리는 그 아이의 자존감이 확립되고 있음을 알 수 있다. 이 시기에 우리가 해야 할 일은 아이들이 새로운 경험에 도전하면서 이전과는 다른 방식을 시도할 때 격려하고 지원하면서 아이들이 자신의 기술과 능력을 시험해볼 수 있는 기회를 제공하는 것이다. 그러나 아이들이 실패한다 할지라도 항상 아이들 곁에 함께 하면서 계속해서 격려하고 이끌어줘야 한다.

다섯 살인 니콜라스는 잠자리에 누워 엄마에게 이렇게 말했다.

"내 자전거에서 보조 바퀴를 떼고 싶어. 그래도 돼?"

"물론이지."

엄마는 말했다. 다음 날 아침 엄마와 니콜라스는 드라이버를 꺼내 보조 바퀴를 떼냈다. 하지만 보조 바퀴 없이 자전거 타기는 생각처럼 쉽지 않았다. 니콜라스는 계속 비틀거렸다. 특히 엄마가 자전거 안장에서 손을 떼고 혼자 타야 할 때는 더욱 비틀거렸다. 그날 밤 니콜라스가 말했다.

"다시 보조 바퀴를 달아줄 수 있어요?"

"물론이지, 내일 아침에 달아줄게."

엄마가 말했다. 다음 날 아침 니콜라스는 다시 보조 바퀴가 없는 어린이 자전거 앞에 섰다.

"보조 바퀴를 다시 달기 전에 한 번 더 타볼래?"

엄마는 니콜라스가 한 번만 더 해보면 잘할 수 있을 있을지도 모른다고 생각하고 말했다.

"좋아."

니콜라스가 엄마의 제안에 응했다. 니콜라스는 엄마가 바퀴를 다시 달아준다고 얘기했기 때문에 자기가 못한다고 해도 잃을 건 아무것도 없다는 생각에 마음이 편했다. 그런데 그 시도는 성공적이었다. 니콜라스는 자전거 핸들을 꼭 움켜쥐고 자신감에 넘쳐 환한 미소를 머금은 채 자전거를 타고 페달을 밟아 나갔다.

니콜라스의 엄마는 아주 적절하게 균형을 잘 잡았다. 보조 바퀴를 떼 달라는 니콜라스의 요청을 받아들였고 또다시 붙여달라는 부탁도 순순히 받아들였다. 하지만 마지막으로 다시 한 번 시도해볼

안정감을 느끼며 자라는 아이들은 자기 자신과 주변 사람들에 대한 믿음을 배운다

것을 권했다. 아이가 준비되지 않았을 때 이제 다 컸으니 바퀴 없이 타야 한다는 말로 부담을 주지 않았고, 편하게 한번 더 시도해볼 수 있게 해줬다. 니콜라스가 넘어질까? 물론 넘어질 것이다.

우리는 모두 가끔씩 넘어진다. 특히 스스로의 한계를 시험할 때 더 많이 넘어진다. 그러나 바로 그때가 자전거 안장에 다시 올라타기 위해 자신을 믿는 마음이 절실한 때다.

예측 가능하고 믿을 수 있는 일관된 태도

우리가 무엇을 하겠다고 약속하면 아이들은 그 말이 꼭 지켜질 거라고 믿는다. 그리고 우리가 만약 그 약속을 지키지 못하게 되면 그 사실을 알려줄 거라고 믿는다. 우리는 자녀와 한 약속을 항상 지켜준다면 아이들이 언제나 우리를 믿고 의지할 수 있다는 것을 알게 된다.

우리는 아이들이 자라는 동안 셀 수 없이 많은 약속을 한다. 설령 우리가 약속이라고 생각하지 않는 것까지 아이들은 약속으로 여길 수 있다. 만일 우리가 정해진 시간에 데리러 가겠다고 하면 아이들은 우리가 반드시 그 시간에 데리러 올 것이라고 생각한다. 우리가 습관적으로 약속시간에 늦거나 약속을 잘 잊어버린다면 아이들은 우리를 믿을 수 없을 것이고 자기가 무시당하고 있다고 느끼게 될 것이다.

갑자기 급한 일이 생겨 약속한 시간까지 갈 수 없는 경우가 생기면 아이에게 미리 알려줘야 한다. 직장 상사나 고객에게 보여주는 것과 똑같은 배려를 아이들에게도 보여줘야 한다. 다른 아이들은 모두 부모가 데리러 와서 집으로 돌아가고 아무도 없는 학교에 홀로 남아서 부모를 기다리는 아이들, 언제나 부모가 제일 늦게 데리러 오는 아이들은 우리가 생각하는 것보다 훨씬 슬퍼한다. 아이들은 자기가 느낀 실망과 걱정을 감추려고 애쓰기도 하지만 그다지 잘 감추지 못한다.

일곱 살 난 맨디는 YMCA의 수영 강습이 끝날쯤 엄마가 데리러 오겠다고 했기에 엄마를 기다리고 있었다. 강습은 끝난 지 오래였고 엄마는 또 늦게 나타났다. 맨디는 차에 올라타며 한숨을 내쉬었다. 엄마는 또 늦어서 미안하다며 늦은 이유를 설명하기 시작했지만 맨디는 말없이 허공만 바라봤다. 맨디는 엄마가 제시간에 맞춰 올 거라는 기대를 이미 오래전에 포기한 것이다.

지금 맨디에게는 엄마에게 또 다른 기회를 주는 것보다 기대치를 낮춰서 자기가 느낀 실망과 불안한 감정들로부터 자신을 보호하는 것이 더 중요하다. 맨디는 그런 상황에 아주 익숙해져서 '엄마는 믿을 수 없는 사람이다.'라고 단정하고 있었다. 상황이 그렇게 되기까지 맨디는 얼마나 혹독한 대가를 치른 걸까? 이런 식으로 계속된 엄마의 지각은 맨디에게 큰 상처를 줬다. 결국 맨디는 이런 결론을 내렸다. '만약 엄마가 나를 소중하게 생각한다면 늘 마지막까지 혼

자 기다리는 게 얼마나 속상한지 모를 수 있을까? 어떻게든 지각하지 않으려고 노력하지 않을까?'

안정된 것과 지루한 것은 다르다

아이들에게 안정된 분위기를 제공하는 것은 아주 중요한 일이다. 아이들의 생활은 미지로 가득 차 있고 배우고 있는 것과 앞으로 배워야 할 새로운 일이 무척 많다. 예측할 수 있고 편안하고 안정된 가정 분위기는 안정감을 주는 데 도움이 된다. 그렇지만 때때로 즉흥적이고 뜻밖의 즐거움을 누릴 수 있는 여유도 남겨 두어야 한다.

어느 토요일 저녁, 일레인의 이모가 집에 놀러 왔다. 식사가 끝나고 저녁 여덟 시 무렵 이모가 물었다.

"누구 나랑 같이 영화 보러 갈래?"

엄마 아빠는 소파에 앉아 꿈쩍도 하지 않았다. 그때 열한 살인 일레인이 벌떡 일어섰다.

"저요!"

일레인이 신나서 대답했다.

"너무 늦지 않았니? 그 영화는 일곱 시에 시작하잖아."

엄마가 말했다. 일레인은 애원하는 눈빛으로 엄마를 쳐다봤고 이모가 이렇게 말했다.

"아니, 10시에 시작하는 심야 영화를 보면 돼. 지금 출발하면 쇼핑몰에 들러서 이것저것 구경도 하고 아이스크림도 사먹을 수 있겠다."

"심야 영화?"

아빠가 말했다. 아빠는 안 된다고 하려다가 생각을 바꿨다. 일레인은 평소보다 훨씬 늦게 잠자리에 들겠지만 내일은 학교에 가는 날도 아니고 이런 예상치 못한 외출이 일레인이 이모와 친해질 수 있는 좋은 기회라고 생각했기 때문이다. 아빠는 엄마를 돌아보며 말했다.

"안 될 것 없지. 내일은 일요일이니까 늦잠도 자도 되고. 일레인과 수잔이 함께 좋은 시간을 보낼 기회가 될 거야."

엄마도 아빠의 말에 동의했다.

"영화가 끝나면 곧바로 집에 와라. 즐거운 시간 보내고."

규칙적인 생활은 아이들이 예측 가능한 일정을 통해 안정감을 느낄 수 있도록 도와주기 때문에 굉장히 중요하고 바람직하다. 그러나 때때로 정해진 일상에서 벗어날 기회를 주는 것도 중요하다. 이런 시간들은 아이들이 어른이 돼서도 떠올릴 만큼 신나고 즐거웠던 순간이 될 것이다.

일레인은 자정이 넘어서 집에 돌아왔다. 일레인은 영화도 재미있었고 이모와 아주 즐거운 시간을 보냈으며 심지어 밤공기조차 황홀하게 느꼈다. "밤공기는 냄새도 다르다는 걸 아세요? 더 신선해요!" 일레인은 엄마 아빠에게 취침 인사를 하며 꼭 껴안고 영화 보러 가게 허락해줘서 고맙다고 말했다.

자신감이란 자기 자신을 믿는 것이다

자녀들은 어떤 행동을 취하기 위해 자기 자신과 또 자신의 판단력에 대한 믿음을 가져야 한다. 만일 아이들이 자신의 판단을 믿지 못하거나 자신감이 없다면 자기 주장을 내세우기가 어렵다. 아이들이 스스로에 대한 믿음을 키울 수 있는 방법 중 하나는 우리가 그들을 믿어주는 것이다.

열 살 난 앤드류는 캠프장에서 집으로 전화를 걸어, 같은 방갈로에서 지내는 친구에 대해 불평을 늘어놓았다.

"나한테 카누 탈 때 짝이 돼 달라고 그래 놓고, 호숫가에 가니까 이미 다른 애랑 짝을 이룬 거예요. 내 주머니칼을 빌려가 놓고 돌려주지도 않고요. 또 내가 달릴 때 오리처럼 보인다고 했어요."

아빠는 240킬로미터나 떨어진 곳에서 들려오는 아들의 목소리를 심각하게 듣고 있었다. 아빠는 당장이라도 캠프 담당자와 상의해봐야 하지 않을까 하는 생각도 들었지만 크게 숨을 한 번 들이마시고 나서 아들에게 물었다.

"그래서 어떻게 했니?"

"뭐, 다른 애랑 짝이 돼서 카누를 탔죠. 그리고 내가 뛸 때 오리처럼 보인다면 오리치곤 아주 빠른 거죠. 오늘 달리기 시합에서 3등으로 들어왔거든요."

"아주 잘했구나!"

아빠가 칭찬해 줬다. 앤드류가 계속해서 말했다.

"바로 가서 주머니칼 돌려달라고 말하려고요. 하이킹 갈 때 꼭 필요하니까. 만약 그래도 안 돌려주면 지도 선생님께 가서 말할 거예요."

"아마 받을 수 있을 거야."

아빠는 아들을 안심시켜 줬다.

앤드류는 친구의 행동이 옳지 않다는 자신의 판단을 믿었고 그 상황을 혼자 해결할 수 있다는 자신감도 있었다. 이 정도쯤이야 누구라도 해결할 수 있는 문제라고 생각할지 모르지만 부당한 상황에 처해도 이에 맞설 자신감이 없어서 아무 말도 못하고 문제를 덮어버리는 아이들도 있다.

미래에 대한 믿음

아이들의 평생을 언제나 곁에서 지켜보며 도움을 줄 수는 없다. 아이의 유년 시절에 확고한 자심감과 안정감을 심어준다면 어른이 될 때까지 그 효과는 지속될 것이다. 다른 사람들과 당당하게 어울려 살아갈 수 있고 자신의 자녀들에게도 훌륭한 부모가 돼줄 수 있다는 자신감을 갖게 될 것이다.

이것이 바로 우리가 자녀들에게 줄 수 있는 미래를 위한 선물이다. 스스로에 대한 믿음은 직업을 선택할 때도 현명한 선택을 하도록 이끌어주고 위험을 이겨낼 수 있게 하며 책임감을 느끼고 자신의 결정을 신뢰할 수 있게 해준다. 다른 사람에 대한 믿음을 가진 아이들은 아름다운 사랑에 빠지고 화목한 가정을 이룰 수 있다.

자신에 대한 믿음과 내면적 자긍심 없이는 아이들은 모든 일이 잘 풀리는 때조차 인생을 즐기기가 어려울 것이고 난관에 부딪히면 상황을 극복하기보다는 좌절감에 빠지거나 힘겨운 시간을 보내게 될 것이다. 만약 그들이 스스로 기본적인 소양, 선의 그리고 여러 가지 다른 능력에 대해 믿음을 가진다면 이루지 못할 일이 거의 없을 것이다.

　자녀들이 소중한 것과 무가치한 것을 구분할 수 있는 감각을 기르도록 도와줘야 한다. 이것은 막중한 책임이지만 이 책임을 다하는 것은 아주 쉽다. 자녀들을 믿고 아이들의 좋은 의도를 믿어주기만 하면 된다. 그러고 나서 아이들에게 그 사실을 알려주면 된다. 우리가 그들을 진심으로 믿고 있다는 사실을 말이다. 그 나머지는 아이들이 해야 할 몫이다.

친밀한 분위기 속에서 자라는 아이들은
이 세상이 살기 좋은 곳이라는 것을 배운다

If children live with friendliness,
they learn the world is a nice place in which to live.

아이들이 처음으로 만나는 세상은 가정이다. 자녀들은 우리가 의식하지 못할 때도 우리의 행동을 보고 가치관을 배우곤 한다. 아이들이 접하는 첫 '세상'은 얼마나 친밀한 것인가? 우리는 아이들에게 동등한 인격체로 예의를 갖춰 대하는가? 아이들이 우리가 원하는 모습으로 자라도록 애쓰게 만드는 것이 아니라 자기의 고유한 모습을 있는 그대로 받아들이는가? 아이들이 가장 관심을 가지고 있는 사항을 궁금해하고 공유하기 위해 적극적으로 시도하고 있는가?

친밀한 가정환경이란 아이들의 노력을 격려하고 인정하고, 또 칭찬해주는 가정, 아이들의 실수와 부족한 점·개인적인 차이들을 너그럽게 받아들여주는 가정, 아이들이 공정한 대우를 받고, 부모가 인내와 이해·배려로 자녀를 대하는 가정이다. 당연히 자녀들에게 부모의 권위를 행사해야 할 때가 있지만 그럴 때도 권위적이고 냉담한 태도보다는 단호하지만 친밀하고 우호적이며 온화한 태도를 취하는 가정이다.

매일의 가정생활은 아이들이 자라서 이루게 될 가정환경에 그대로 반영된다. 그러므로 가족 간에 피할 수 없는 마찰이 생기더라도 이겨낼 수 있는 회복력이 강한 관계를 맺어야 하고, 아이들이 성인이 돼서도 변치 않을 견고한 관계를 이루도록 노력해야 한다. 특히 자녀들이 가정을 이루고 나서도 자녀들과 함께 휴가를 보내고 가족 기념일을 함께 축하할 수 있기를 바란다. 또한 아이들이 이 세상에서 자신의 위치를 찾아가고 세상의 모든 것을 누릴 수 있도록 도와줄 긍정적인 인생관을 가지고 성장할 수 있도록 해야 한다.

얽히고 설킨 거미줄

우리는 일상에서 헤아릴 수 없이 많은 상호관계를 맺는다. 이런 상호관계는 아이들이 다른 사람과 어울릴 수 있는 기본적인 능력을 키워갈 수 있는 밑바탕이 된다. 우리가 자녀들에게 본보기가 되는 것처럼 가족은 사회 단위의 모델 역할을 한다. 자녀들이 이웃이나 학교 또는 직장, 공동체에서 부딪칠 상황들은 가정에서 맞닥뜨리는 상황과 매우 흡사하다. 아이들은 욕실, 컴퓨터, TV 또는 가족이 함께 쓰는 자가용 등 집안의 물건을 함께 나눠 쓰는 것을 배우는 과정에서 책임의 의미를 이해하게 되고, 우리가 서로에게 얼마나 의지하며 살아가는지를 깨닫게 된다.

　추수감사절 저녁 식사를 마치고 뒷정리하는 상황을 상상해 보자. 아침을 먹고 나서 식기세척기에서 그릇을 꺼내 정리하는 것은 아홉 살 난 조이의 일이었다. 그런데 조이는 추수감사절이라 너무 신이 난 나머지 할 일을 잊어버리고 말았다. 그 때문에 주방을 정리하는 과정이 복잡하고 어려워졌다. 열한 살인 크리스틴은 식탁을 치우고 정리하는 일을 맡았다. 하지만 식기세척기가 비워져 있지 않아 더러워진 접시들을 주방 싱크대 위에 산처럼 쌓아둘 수밖에 없었다. 엄마는 먹고 남은 칠면조 요리를 냉장고에 넣어두려고 했지만 음식을 담을 그릇이 없었다.

　결국 루시 이모가 싱크대에서 접시를 닦기 시작했고, 그러는 동안 남은 음식은 딱딱하게 굳어 갔다. 작은 주방은 너무 복잡해졌다. 아빠는 식사 후 커피를 준비하려고 했고 손님들이 많아 커피 잔이 많이 필요했지만 커피 잔은 거의 식기세척기 안에 있었다. 이 모든 것이 가정생활에서 흔히 볼 수 있는 상황이다. 엄마는 재빨리 문제의 원인을 깨닫고 거실로 나갔다.

　"조이, 빨리 와서 네가 할 일을 해. 식기세척기를 비우는 일은 네 책임이잖아. 지금 주방이 난리가 났다고."

　조이는 그제서야 자기가 맡은 일을 잊어버렸단 사실을 깨닫고 소파에서 벌떡 일어났다. 그리고 누나의 도움을 받아 재빨리 식기세척기 안의 접시를 꺼내 치웠다. 잠시 후 주방에서 일어난 복잡한 문제는 해결됐다. 이 사건을 통해 조이는 자신이 할 일을 잊은 것이 가족에게 어떤 영향을 미치는지를 쉽게 깨달을 수 있었다.

이 사례는 지나치게 명쾌한 예인지 모르겠지만 우리의 상호의존
성은 매일의 가정생활에서 그만큼 중요한 요소다. 실제로 다정한
태도로 서로 협력하는 법을 배우는 것은 아이들에게 더 큰 세상에
서 다른 사람들과 어울려 지내는 데 필요한 매우 중요한 교훈을 가
르쳐줄 것이다.

아이들이 공동의 목표를 통해 함께 노력하는 방법에 익숙해질수
록 아이들은 친구, 이웃 그리고 직장동료로부터 더 많은 사랑과 환
대를 받을 것이다. 그리고 만약 아이들이 어떤 세상에 들어서든지
품위 있고 너그럽게 자신이 속한 세계에 기여하는 법을 배운다면
실제로 이 세상을 더 살기 좋은 곳으로 만들어나갈 수 있을 것이다.

아이를 키우는 데는 마을 전체가 필요하다

가족의 구성이 변하고 있다. 많은 아이들이 외조부모나, 할머니
또는 다른 친척들과 살고 있다. 반면에 엄마 아빠가 둘씩이나 있는
아이들도 있다. 가족의 구성이 어떻든지 아이들에게 가장 중요한
것은 자신이 부모에게 필요하고 사랑받고 있다는 것을 느끼는 것이
다. 친밀하게 보살펴주는 어른들이 주변에 많을수록 아이들은 더
훌륭하게 성장할 수 있다. 아이들은 확대가족(친척 및 가족처럼 가까
이 지내는 이웃이나 친구들도 포함해서)과 함께 지내는 시간 동안 많은

것을 얻을 수 있다. 부모가 자녀들의 필요를 모두 충족시켜 줄 수는 없기에 친구나 친척들이 찾아와 함께 있어 주거나 그들이 가진 특별한 재능을 나눠주는 것은 큰 도움이 된다.

아홉 살 난 지미는 모형 비행기를 조립하다가 너무 어려워 낙담하고 있었다. 어른의 도움과 지원이 필요했지만 엄마는 너무 바빴고 아빠는 그것을 도와줄 만큼 인내심이 없었다. 지미는 할아버지의 도움을 받기로 했다. 할아버지는 지미와 함께 시간을 보내는 것이 무척 행복했고 함께 비행기 부품을 조립하는 것을 즐거워했다.

함께하는 소중한 시간을 통해 아이들은 할아버지 할머니의 사랑과 지혜에 둘러싸여 있다고 느낀다. 보통 조부모는 부모에 비해 손자 손녀들과 함께 보낼 수 있는 시간이 더 많다. 예전처럼 바쁘지 않을 수도 있고 삶의 우선순위가 일보다 가족중심으로 바뀌었기 때문이기도 하다.

나는 특별히 할아버지 할머니들을 위한 가정생활 강좌를 맡고 있다. 할아버지 할머니들은 종종 자신들이 아이들을 키우던 경험을 이야기하며, 후회스러운 일들에 대해 이야기하고 싶어 한다. 그중 정말 많은 분이 가장 후회되는 점이라 말하는 것은 "그렇게 바쁘게 살 게 아니라 아이들과 더 많이 놀아 줬어야 했어."다. 그들은 자녀들과 함께 놀아주고 친밀한 관계를 쌓는 것이야말로 가족 전체에 유익하고, 치유와 회복의 활동이라는 것을 깨달은 것이다.

또한 확대가족은 아이들에게 안전망 역할을 해줄 수도 있다. 더 많은 사람이 포함될수록 안전망은 더 촘촘해지고 아이들이 필요로 할 때 잡아주고 지지해줄 수 있을 것이다.

메간의 이모는 가끔씩 열두 살 난 조카 메간이 하교할 때 학교로 찾아와 즐거움을 주곤 했다. 이모는 메간에게 아이스크림이나 핫초코를 사주기도 하고 메간과 메간의 친구들을 수영장에 데려가기도 했다. 한번은 이모가 아이들을 전부 데리고 시내로 나가 뮤지컬 공연을 보여준 적도 있다.

어느 날 메간이 친구들과 문제가 생겨 고민하고 있었다. 부모에게 그 문제를 말씀 드려야 할지 망설여졌는데, 결국 메간은 이모에게 상담해 봐야겠다고 생각했다. 이모는 귀 기울여 들어줬고 적절한 조언을 해줬다.

가장 중요한 점은 이모가 메간을 사랑하고 메간을 가족으로 여긴다는 것이다. 확대가족이 있다면 부모는 아이들이 부모에게 말하기 어려운 문제가 있을 때 아이들이 조언을 구할 수 있는 신뢰할 만한 어른이 있다는 것에 마음이 놓일 것이다. 친척들이 멀리 살거나, 친척끼리 사이가 좋지 않은 경우에는 아이들에게 관심을 가져주고 돌봐주는 가까운 친구들과 안전망을 구축하는 것도 좋다.

내 자녀 양육 세미나에 참가한 한 여성은 이런 경험담을 발표한 적이 있다.

"엄마가 돌아가신 후 엄마 친구 분 중 한 분이 저희 집에 찾아오셨어요. 제가 막 아기를 낳았을 때인데 손자가 없는 그분이 저희 딸을 무척 예뻐해 주셨어요. 그분 덕분에 저는 엄마와 강하게 연결돼 있는 듯한 안정감을 느꼈고 엄마 친구 분이 와주시는 게 무척 고마웠죠. 마치 그분과 가족이 된 듯했고 이런 친밀한 관계는 딸이 성장한 후에도 계속됐어요."

핵가족의 범위를 벗어나, 확대가족과 친구들과의 친밀한 관계는 아이들의 세계를 더 넓혀준다. 사랑과 관심을 베풀어주는 어른들로 구성된 확대된 안전망은 일상의 영역을 넘어 더 다양하고 흥미진진한 가능성에 대한 호기심을 자극함으로써 아이들이 더욱 풍요로운 세계를 만들어 나가도록 도움을 준다. 그리고 부모 외의 다른 어른들도 자신을 믿어준다는 사실을 알게 됨으로써 더 큰 안정감과 자신감을 느끼게 된다.

가족 모임
가족 모임은 아이들에게 정말 중요하다. 친척이 모두 모이면 아이들이 함께 어울려 놀게 되고, 어른들은 아이들이 얼마나 똑똑하고 예쁘게 자랐는지 칭찬을 해주곤 한다. 물론 아이들은 이런 소란스러운 상황이 당황스러울 수도 있다. 그러나 자신들이 사랑받고 있고 칭찬받고 있다는 메시지가 자연스럽게 아이들의 마음속에 자리 잡는다. 아이들은 뛰어노는 것에만 관심이 있겠지만 말이다.

이런 가족 모임에 참여하는 것은 아이들이 소속감을 갖는 데 큰 도움이 된다. 이것은 아이들이 더 넓은 세상을 향해 도전할 때도 유익하다. 가족 모임은 의식을 위한 시간이며 우리가 문화적·전통적인 관습을 배울 수 있는 기회다. 또한 아이들에게 부모의 어린 시절이 어땠는지 다양한 일화를 들려줄 수 있는 기회이기도 하다.

아이들은 부모의 어린 시절에 대해 듣는 걸 아주 좋아한다. 이런 이야기들을 통해 부모에 대한 새로운 사실을 알게 되고 부모의 어린 시절을 들여다보는 소중한 기회를 가지게 된다. 또 이런 이야기들은 아이들이 시간이 흐르며 찾아오는 변화를 깨달을 수 있도록 도와주고 엄마 아빠도 한때는 어린 시절이 있었듯 언젠가 자기들도 부모가 될 거라는 것을 막연하게나마 이해하게 된다.

가족 모임은 아이들에게 부모의 새롭고 다른 면을 보게 하면서 우리를 부모로서가 아닌 한 인간으로 바라볼 기회를 줄 수도 있다. 예를 들어, 우리가 아이들이 자야 할 시간이라고 채근하지도 않고, 옛날 음악에 맞춰 맨발로 춤추는 것 같은 뜻밖의 행동을 할 때, 아이들은 깜짝 놀라고 짜릿한 전율을 느끼기까지 한다.

명절 때 가족 모임 또한 아이들에게 시간의 흐름을 이해하고 아이들이 자라고 있다는 사실을 알 수 있게 해준다. 종종 이런 행사 때 사진을 찍고, 특별히 그것이 매년 열리는 가족 모임일 경우 아이들은 사진을 보며 지난해에 비해서 자신들이 얼마나 자랐는지 확인할 수 있을 것이다. 가끔 오래된 옛 가족사진을 본떠 같은 포즈로 아이들과 새로운 가족사진을 찍어보는 것도 아주 재미있다. 사진을 현상해 예전 사진과 비교해 보며 즐거운 시간을 가질 수 있다.

매일 축하하고 즐기기

축제 분위기를 즐기기 위해서 명절만 기다릴 필요는 없다. 평소에도 이따금씩 축제 분위기를 연출해 평범한 날을 기억에 남을 특별한 하루로 만들 수 있다.

크리스마스 방학이 거의 끝날 무렵, 엄마는 네 명의 아이와 집에 놀러 온 조카아이들을 데리고 뭘 하면서 보낼지 고민하고 있었다. 아이들은 새 장난감에도 이미 싫증난 상태였고, 추위 때문에 밖에 나가 놀지도 못해서 상심해 하고 있었다. 그때 엄마가 말했다.

"좋은 생각이 있어. 해변에서 파티를 하자!"

네 살 난 아이부터 열한 살 난 아이까지 옹기종기 둘러앉은 아이들은 엄마가 정신이 나간 건 아닐까 걱정하는 표정으로 쳐다봤다.

"엄마, 지금 장난하시는 거예요?"

가장 큰 아이가 물었다.

"아니야. 자, 우리 함께 계획을 세워보자."

엄마는 해변에서 만들 음식 메뉴와 준비물 목록을 만들기 시작했다.

"하지만 밖은 꽁꽁 얼어붙어 있다고요."

한 아이가 이의를 제기했다.

"우리는 집 안에서 해변인 것처럼 파티를 열 거야. 램프 불빛이 햇빛이라 생각하고 일광욕도 하고 말이야."

엄마가 대답했다. 아이들은 이 아이디어에 심취해 뭘 입을지 어떤 장난감을 가져올지, 어떤 CD를 들을지, 그리고 뭘 먹을지에 대해 열심히 의논했다. 엄마는 핫도그와 초콜릿 바를 준비해 주겠다고 약속했다.

다음 날도 몹시 추웠다. 엄마는 난방기 온도를 높이고 아빠는 거실 벽난로에 불을 피웠다. 모두 힘을 합쳐 가구를 벽으로 밀어 붙이고 비치타월과 아이스박스를 놓았다. 아빠는 비치파라솔을 펼치고 비치볼에 바람을 넣은 후 비치보이스 CD를 틀어 해변 분위기를 완성했다.

아이들은 수영복을 입고 선글라스를 끼고 달콤한 향이 나는 선크림을 몸에 발랐다. 옷걸이를 꼬챙이로 삼아 음식을 굽기도 하며 신나는 시간을 보냈다. 웃고 뛰고 춤을 추면서 모두 즐겁게 보냈다. '해변 파티'가 끝나고 다시 예전처럼 일상으로 돌아왔을 때, 아이들은 일상에서 벗어난 이 해변 파티가 얼마나 재미있었는지 이야기를 나눴다.

아이들이 가족과 함께 즐거운 시간을 보낼 수 있다는 사실을 아는 것은 중요하다. 아이들이 즐거운 시간을 보내기 위해서는 반드시 어딘가로 가야 한다고 생각하게 해서는 안 된다. 아이들이 어렸을 때부터 웃음, 즐거움, 따뜻함 그리고 친밀감이 모두 가정생활의 한 부분이라는 것을 안다면, 아이들은 좀 더 자라서도 우리와 함께 보내는 시간을 즐기게 될 것이다. 이것은 가깝거나 먼 미래에도 그

친밀한 분위기 속에서 자라는 아이들은 이 세상이 살기 좋은 곳이라는 것을 배운다

대로 이어질 것이다.

과거와 미래 연결하기

일상생활에서 느끼는 가정 분위기는 아이들이 가정생활에 대한 이미지를 형성하는 데 영향을 미친다. 이런 경험과 관계는 아이들의 인간관계, 결혼생활, 그들의 가정 그리고 전체적인 미래에 고스란히 반영된다.

지금까지 수없이 말한 것처럼 아이들은 우리가 하는 말이나 우리의 바람보다 우리가 하는 '행동'을 훨씬 더 중요하게 여긴다. 우리의 가치관은 우리의 행동을 통해 다음 세대로 또 다음 세대로 전달된다. 아이들은 매일매일 우리가 살아가는 방식을 지켜보고 자신들의 삶을 살아가기 위한 본보기로 삼는다. 이것은 그들에게만 영향을 미치는 것이 아니라 그들의 자녀의 자녀에게도 영향을 미친다.

우리가 하는 사랑 표현은 우리 전후 세대를 앞뒤로 이어주는 끝없이 늘어나는 사랑의 고리라고 생각할 수 있다. 우리 자녀들에게 격려, 관용 그리고 칭찬으로 가득한 세상, 아이들이 우리의 수용과 동의와 인정을 받는 세상, 그들이 정직하게 나누고 공정함과 친절함 그리고 배려를 주고받을 수 있는 세상을 만들어준다면 우리는 자녀들의 삶과 자녀들을 둘러싸고 있는 모든 사람의 삶을 한층 행복하게 이끌어갈 수 있을 것이다.

우리 아이들에게 항상 최선을 다하자. 그리고 우리 아이들뿐 아니라 옆집 아이든, 동네 아이든 아니면 아주 멀리 사는 아이들이든 모든 아이에게서 최선을 다하자. 결국 그것은 우리 이웃, 우리 동네, 우리 나라, 우리가 사는 지구 전체를 위한 일이다.

우리 아이들이 두려움과 편견과 편협함을 버리고, 이 지구에 사는 모든 사람이 '인류'라는 거대한 한 '가족'이 되는 미래를 이룩하는 데 이바지하도록 최선을 다해 아이들을 키우자. 아이들이 이 세상을 가장 밝은 빛으로 비출 수 있도록 길을 닦아주자. 그래서 아이들이 이 세상이 살기 좋은 곳임을 발견하고, 또 이 세상을 더욱 살기 좋은 곳으로 만들어갈 수 있게 하자.

중앙생활사 Joongang Life Publishing Co.
중앙경제평론사 | 중앙에듀북스
Joongang Economy Publishing Co./Joongang Edubooks Publishing Co.

중앙생활사는 건강한 생활, 행복한 삶을 일군다는 신념 아래 설립된 건강·실용서 전문 출판사로서
치열한 생존경쟁에 심신이 지친 현대인에게 건강과 생활의 지혜를 주는 책을 발간하고 있습니다.

긍정 육아 아이가 성장하는 마법의 말

초판 1쇄 발행 | 2016년 7월 20일
초판 2쇄 발행 | 2016년 10월 15일

지은이 | 도로시 로 놀테(Dorothy Law Nolte)·레이첼 해리스(Rachel Harris)
옮긴이 | 김선아(Sunah Kim)
펴낸이 | 최점옥(Jeomog Choi)
펴낸곳 | 중앙생활사(Joongang Life Publishing Co.)

대   표 | 김용주
편   집 | 한옥수·길주희·유라미
디자인 | 박근영
마케팅 | 최기원
관   리 | 임달님
인터넷 | 김회승

출력 | 케이피알 종이 | 타라유통 인쇄 | 케이피알 제본 | 은정제책사

잘못된 책은 구입한 서점에서 교환해드립니다.
가격은 표지 뒷면에 있습니다.

ISBN 978-89-6141-184-4(03590)

원서명 | Children Learn What They Live : parenting to inspire values

---

등록 | 1999년 1월 16일 제2-2730호
주소 | ⑨ 04590 서울시 중구 다산로20길 5(신당4동 340-128) 중앙빌딩
전화 | (02)2253-4463(代) 팩스 | (02)2253-7988
홈페이지 | www.japub.co.kr 블로그 | http://blog.naver.com/japub
페이스북 | https://www.facebook.com/japub.co.kr 이메일 | japub@naver.com
♣ 중앙생활사는 중앙경제평론사·중앙에듀북스와 자매회사입니다.

※ 이 도서의 국립중앙도서관 출판시도서목록(CIP)은 서지정보유통지원시스템 홈페이지(http://seoji.nl.go.kr)와
국가자료공동목록시스템(http://www.nl.go.kr/kolisnet)에서 이용하실 수 있습니다.(CIP제어번호:CIP2016015348)

중앙생활사에서는 여러분의 소중한 원고를 기다리고 있습니다. 원고 투고는 이메일을 이용해주세요. 최선을
다해 독자들에게 사랑받는 양서로 만들어 드리겠습니다. **이메일** | japub@naver.com